科学原来如此

哎，了解身边的植物

于启斋 编著

上海科学普及出版社

图书在版编目（CIP）数据

哎，了解身边的植物 / 于启斋编著 . — 上海：上海科学普及出版社，2016.8（2022.10重印）

（科学原来如此）

ISBN 978-7-5427-6744-8

Ⅰ. ①哎… Ⅱ. ①于… Ⅲ. ①植物—少儿读物 Ⅳ. ① Q94-49

中国版本图书馆 CIP 数据核字 (2016) 第 138342 号

责任编辑　刘湘雯

科学原来如此

哎，了解身边的植物

于启斋 编著

上海科学普及出版社出版发行

（上海中山北路 832 号 邮编 200070）

http://www.pspsh.com

各地新华书店经销　三河市祥达印刷包装有限公司印刷

开本 787 × 1092　1/16　印张 10　字数 200 000

2016 年 8 月第 1 版　2022 年10月第 2 次印刷

ISBN 978-7-5427-6744-8　　定价：35.80 元

目录 contents

为什么植物的茎向上生长而根向下生长？

小朋友不妨埋几粒植物种子到花盆里，等种子萌发后，我们会看到它的茎总是向上生长的，而根总是向下生长的。这是怎么回事呢?

原来，植物的根具有向地性、向水性、向肥性（即向地下、向有水、向有肥的地方生长），而植物的茎具有向光性，即向着有光的方向生长。所以植物的茎向上生长，根向下生长。

植物体内有一种刺激生长的激素，叫生长素。生长素有一个特征，在浓度较低的情况下，会促进植物的生长；在浓度较高的情况下，会抑制植物的生长。并且，植物的根与茎对生长素的反应表现也不一样。低浓度的生长素会促进根的生长，高浓度的生长素会抑制根的生长，即根的生长会缓慢，从而降低生长速度。但高浓度的生长激素会促进茎的生长，但当生长素浓度过高时，反而会抑制茎的生长。

植物被平放的时候，因为受地球引力的作用，生长激素便会移向植物体的下侧，这里生长素的浓度高，细胞分裂速度加快，则生长的速度就比上侧的快，这样，茎尖便会出现向上弯曲；根部的下侧因生长素浓度高反而出现了抑制现象，生长的速度比上侧缓慢些，这样就导致根尖向下弯曲生长。

假如让植物升入太空，失去了地球引力的作用，植物的根会毫无方向地四处生长，最终枯萎死亡。

还有，植物的根具有向地性，所以在播种时，不管种子在地里呈现什么姿态，只要种子埋到地里，在温暖、湿润的条件下它都会萌发，会长出新芽，而根则向地下生长。

什么是植物的向光性？

植物生长除了需要从土壤里获取水分和无机盐外，还需要一定的阳光照射。原来，植物生长有一个特性，那就是向光性，也就是说，植物喜欢向有阳光的方向生长。

我们经常会看到，放到阳台上的花卉，如果长时间不挪动它，它的叶子就会朝向有阳光的方向生长。如果在一个小花盆里撒下一些小麦种子，在花盆里罩上一个不透光的厚纸杯，在朝向阳光的地方用针扎一个小孔，等麦苗长出来后，去掉厚纸，你会发现，小麦苗都会弯向有阳光的方向。这些现象都向我们证明了，植物不仅仅只会向上生长，很多时候还会朝着有光照的方向生长。

为什么要给新栽的小树浇水？

不知道小朋友们注意过没有，新栽的小树需要灌溉，你知道这是怎么回事吗？

刚栽下的小树苗，生命力比较弱，需要一定的呵护。这是因为在起树苗的时候，树苗的根比较容易受到损伤，尤其是根毛容易被破坏，再加上在新的环境下，根还没有扎入深层土壤，通过根毛吸水也就比较困难。

还有，新栽树苗的叶子还要进行蒸腾作用，向外界释放一部分水分，这也需要水分。这样的话，一旦水分供应不上，小树就会因缺水而枯萎，我们前面所做的一切就会前功尽弃。所以，为了保证新栽的树苗成活，要经常给小树浇水。等小树长出了新根，可以吸收土壤深层的水分后，就不用再给它浇水了。小树会长得枝叶繁茂，郁郁葱葱。

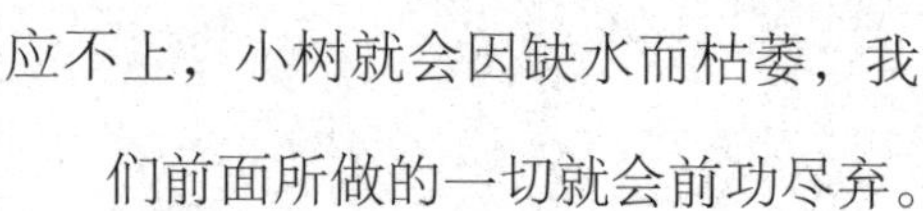

在移栽小树时，为什么要给小树遮荫、剪叶？

我们在移栽小树时，给小树遮荫或剪去部分枝叶的目的，是为了减缓植物的蒸腾作用，减少植物对水分的暂时依赖，以利于小树的成活。因为移栽小树时，树根可能受到损伤，会影响它对水分的吸收，所以我们一定要小心保护好它的根。

植物的根都生长在土壤里吗？

很多植物都生有根，生长在土壤里的植物，它们的根如同一只粗大的脚，可以牢牢地抓住土壤，使植物笔直地挺立起来，不至于被风刮倒。

是啊，大多数植物的根都生长在土壤里，从土壤里吸收水分和无机盐，为植物提供生长发育所需要的营养物质。不过，也有些植物的根不是生长在土壤里的。哦，这是怎么回事呢？难道有些植物可以不在土壤中生长吗？

当然啊，大千世界，无奇不有。只要我们留心观察，就会发现，有些植物的根就不在土壤中生活。水生植物的根就是生长在水里的，如水葫芦、水浮莲等就是这类植物。

玉米是一种常见的农作物。秋天，在玉米和高粱地里，我们可以看到玉米和高粱茎秆在离地面不远的几节上，萌发出来一圈不定根。什么是不定根呢？它不是直接或间接由胚根所形成的，没有固定的生长部位，不按正常的次序发生，它有扩大植物吸收面积的功能。植物的不定根有的已经固定在土壤中，有的生长在土壤之上。

生长在空气中的根被称为气生根。根据作用的不同，气生根又分支柱根、呼吸根和攀援根。

有一种树，可以用“独木成林”来形容它，它就是“榕树”。这种树是桑科的大乔木，在树木的茎上会产生许多垂直向下的“气根”，多达几千条。这些“气根”接触到地面后，就会深深地扎入地下，成为名副其实的“支柱根”，可以起到支持和呼吸的作用，使得榕树庞大的树冠变得更加牢固。这样，根茎交错，支柱相托，形成遮天蔽日的树冠，也形成了一道独木成林的自然景观。

你知道有哪些变态的根吗？

有些植物的根在生长发育过程中在形态、结构或生理功能上都发生了非常大的变化，这样的根叫变态根。变态根主要可分为肥大直根、块根、气生根和寄生根等。

肥大直根：像萝卜、萌萝卜、甜菜这类植物的根属于肥大直根。主要是由主根发育所形成的。肥大直根上部具有胚轴和节间很短的茎，在上面生长着许多叶子。

块根：由植物的侧根或不定根膨大而形成的，膨大部分没有茎和胚轴部分，完全由根所形成。像地瓜就是典型的块根，肥大肉质。

气生根：生长在空气中的根叫气生根。因作用不同又可以分为权柱根（支持根）、攀援根、呼吸根和寄生根等。支柱根：像玉米、甘蔗等植物会在茎基部的节上长出许多不定根，伸到空中，有些随着植物的生长逐渐深入土壤中。这些根不是由胚根发育来的，叫做支持根，主要起支持的作用，可防止植物的倒伏。攀援根：像常春藤、凌霄等植物，会从藤本植物的茎藤上长出许多不定根，用来攀附在其他物体上，它们的茎看起来细长而软弱，却有足够的力量超越被攀附的植物而向上生长，这类不定根被称为攀援根。呼吸根：像生长在湖沼或热带海滩地带的海桑、红树和水松等植物，因水下泥土中的氧气很少，根在这样的泥土中呼吸起来十分困难，不能获得进行生命活动的氧气，于是，有一部分根反其道而行之，向上生长，垂直伸到地面上，这样便可以顺利地呼吸到氧气了。这样的根叫做呼吸根，其内部都有许多气体通道与植物体相通。

寄生根：像桑寄生和菟丝子等寄生植物，会从茎上长出许多不定根，这些不定根往往会变成呼吸器，可以牢固地钻入寄主的茎内，从寄主的体内吸取营养物质来维持自己的生命活动，这样的根叫做寄生根。这些植物体内不含叶绿体，自己不能制造有机物，所以只好过着寄生的生活。

你知道植物地下的根有多长吗？

植物依靠根系固定在土壤里，一方面向纵向生长，一方面又向横向生长。植物的纵向生长十分可观，一株小麦扎根的深度一般可达 2 米左右，最深的可达 4 米。西瓜、南瓜的根离主茎秆有 5 米的距离，而枣树则有 8 米的距离。

一棵生活在沙漠里的苜蓿，它的根可以深入地下 12 米。当骆驼刺的茎长到 50 ~ 60 厘米时，根已经深达 5 ~ 6 米，有的一直钻到地下 20 米的深处。在非洲有一种叫巴恶巴蒲的树，根深达 30 米，是世界上根扎得最深的植物。在南非奥里斯达德的回声洞附近，生长着一棵无花果树，估计它地下的根有 120 米，长度足有 40 层楼那么高。加州红杉最高的可达 90 米，相当于 30 几层楼的高度，却是典型的浅根型植物。所谓的浅根性植物，主要是植物的根系主要向水平方向发展。红杉这样的根系有许多好处：一是浅根有利于它们快速地吸收土壤里的水分和无机盐，更有利于它们的生长；二是根可以紧密相连盘结，形成庞大的地下根系，根深扎在地下，相连盘结的面积很大，十分牢固。

而有一些植物的根反而很小，如漂浮在池塘水面中的浮萍，它的根不到 1 厘米；再比如水稻的根，一般都在 20 厘米深的土层内。这与植物的生活习性是相适应的。

在地下，植物的根紧密相连盘结，形成一片庞大的根网，有的可达上千顷，除非狂风暴雨的力量大到足以掀起整块地皮，否则没有一棵红杉会倒下。由于这里的红杉不必扎根太深，就将扎根的能量用来向上生长了。而且浅根也方便快速、大量地吸收养分，这是它们长得特别高大的另一个原因。

根系的横向生长不及纵向生长分布得密集和均匀，但也有着不小的生长范围。一株小麦根系的横向伸展超过 60 厘米，香蕉树、苹果树根系的横向伸展可达 27 米。

小朋友们，想不到植物的根系如此发达，在地下的生长长度如此惊人吧！

小小的根毛有什么作用呢？

悄悄告诉你

植物的根上有许多根毛，那么，这些小小的根毛有什么作用呢？

一个叫霍华德·芝·迪玛的植物学家曾经做过一个有趣的试验，他把一株黑麦种植在一个大木箱里。当黑麦抽穗时，他把木箱拆开，取出黑麦，小心地洗净根上的泥土，粗略估计，嗬！一株黑麦上竟有1400万条小根，总长度为623.27千米。而且这些小根上还长满了根毛。如果把这些小根和根毛连接起来，长达10 600千米！表面积是枝和叶表面积的130倍！同时，根的生长速度也令人吃惊。有人统计，一株黑麦平均每天要生长出11.5万条新根和11 490万条根毛。如果把这些新根连接起来，它每天要伸长5000米，而根毛则伸长了80千米。一株玉米生长到8片叶时，它的根的数目可达8000～10000条。有人曾经对一年生的苹果苗木的根系做过细致观察，发现其分根总数达到5万条之多，而树干的枝条却不过10条，也就是说，根系分根能力是地上部分的数千倍，这是多么令人惊奇的数字呀！

根的作用一个是固定、支持植物体，另一个是吸收地下的水分和无机盐。根吸收水分主要靠根毛区的根毛。小小的根毛最长的不过7～8毫米，然而它的数目却很多。在1平方毫米的根上，豌豆有200条根毛，苹果树有300条根毛，玉米有420条根毛。这些根毛像一台台的“微型水泵”，吸收土壤里的水分和无机盐，源源不断地供给生物生长的需要。难怪有人这样说：“小小根毛虽然细，它的贡献大无比，吸收水肥全靠它，活像微型抽水机。”

“根深叶茂，本固枝荣”，植物吸收水分的数目十分巨大。据统计，生产1吨小麦需要1 500吨水，生产1吨棉花需要10000吨水，一棵玉米从它出苗到长出果实所消耗的水分也在200千克以上。由此可见，根的吸水能力十分惊人。

为什么花盆底下要留一个洞？

只要大家留心观察就会发现，每只花盆的底下都会留一个洞。不论是泥质花盆、瓷质花盆还是塑料质花盆，都是这样。为什么要这样呢？

原来，花的生长同其他植物一样，都需要阳光、空气和水分。再加上适量的肥料，花才能很好地生长。至于阳光，这个条件很好满足，只要把花放在有阳光的地方就行。而对水分呢，要求就比较高，如果把花种在缺水的干土里，花就会因缺水而干死；要是把花老是浸泡在水里，里面的空气就会跑掉，根长时间得不到空气，其根部就会烂掉。一般情况下，花比较喜欢潮湿的土壤，所以我们要经常给花浇水。为了让花盆中的水及早地漏出去，人们就在花盆底下留了一个洞，免得花盆里的水漏不出去，花的根部因此烂掉。浇花时要把水浇透，否则，水不能到达根部。花盆底部上的洞还可以让空气进入，使花有水、有空气，能更好地生长。

花盆底下的洞掉泥土怎么办？

悄悄告诉你

新买来的花盆底下一般都有一个小洞，栽花时可以在花盆底部的小洞上放一块瓦片或小石块，这样可以防止泥土从盆底的小洞中漏掉，还可以起到透水、透气的作用。

如果将小洞堵得太紧、不易流水的话，水就会长时间渗不下去，根就会腐烂，花就会死亡。

空心的大树为什么还能活？

在公园、村庄中，有时候我们会看到一些古老的榆树、柳树、槐树等已经烂得空心了，树干已经空了，而且空洞还不小，但它们看上去依然枝叶繁茂。这些空心的大树为什么还能活呢？

树是多年生的木本植物。在生长的过程中，它的树干逐年增长，年数多了，树干会逐渐增粗。不过，树龄大了，处于中心的木质就越来越不容易得到氧气和养料，会渐渐死去。

古树的寿命比较长，在其漫长的生长过程中，树枝尤其是树干的地上部分会受到自然力、人和动物的破坏，发生断枝或掉树皮的情况，这样水分就会进入树干内部，细菌在那里生长繁殖，并造成腐烂，久而久之，就形成了空洞，有的变成了空心。

树干的最外一层是树皮，树皮中有运输叶制造有机物的管道——筛管，有的将有机物送到根部，有的送到果实中。树皮的里面就是木质，这里有运输根吸收的水分和无机盐的管道——导管，将吸收的水分和无机盐从根输送到茎、叶、花和果实中去。而这两条运输通道都是多管道的，在一棵树上的管道数以千万计，所以只要不是把全部管道一次性

全都切断，运输有机物以及水分和无机盐的功能就可以照常进行。这样，一些大树虽然树干空心了，但边材还是好的，运输畅通无阻，照样可以根深叶茂。

山东省有棵数百年的老枣树，树干早已经中空了，空心的树干足可以容纳一个人避雨，让人惊奇的是，这棵枣树还年年结枣呢！

一棵大树的树干可以用来生产多少纸张？

我们写字用的纸张一般是用植物制成的。木材是造纸的重要原料之一。那么，怎样用木材来造纸呢？

首先，我们需要将木材碾磨成细小的木屑；再将木屑和水等搅拌，往里添加一些化学原料，形成均匀的粥状液体；再通过几道工序，如漂白、打浆等，然后用巨大的滚浆机把纸浆压成薄薄的一层。待水分被烘干后，洁白平整的纸就制成了。

造纸用的木材原料主要是杨树、白桦树和松树。一棵直径为 0.3 米、高 1.8 米的小松树，重约 375 千克，将树干化浆，去掉废料，可以制成约 93750 张 A4 大小的纸。

为了不破坏树木，我们要珍惜纸张，不浪费，减少纸质贺卡的使用，多用电子贺卡。更重要的是，大家要意识到，保护树木要从身边的小事做起。

另外，随着机算机的普及，无纸化办公得到普及，这无疑极大地降低了人类对纸张的消耗，自然也减少了对树木的破坏。

为什么有些植物的茎是中空的?

我们见到的植物中，有些植物的茎是实心的，可有一些植物的茎是空心的，如小麦、水稻、竹子、芦苇、芹菜等。这是怎么回事呢?

草本植物茎的结构一般是由表皮、机械组织、薄壁组织和维管束组成的。小麦、水稻、竹子、芦苇、芹菜等植物，本来它们的茎都是实心的，但茎中空对植物有利，所以在漫长的进化过程中，它们的茎慢慢地变空了。

植物的茎变空到底对植物有什么作用呢?

植物茎中的机械组织和维管束等“筋骨”结构，就如同钢筋混凝土中的“钢筋骨架”，可以使植物体直立起来，不易倒伏。尤其是同样分量的材料，形成中央空而较粗的支柱，比中央实而较细的支柱其支持力更加强大。植物也很精明，如果它的茎加强机械组织和维管束的“筋骨”结构，减少柔软的髓部，形成管状的结构，就既节省了材料，又增加了强度，真是一举两得的好事。于是，在漫长的进化过程中，禾本科植物如小麦、水稻、芦苇、竹子等的茎就渐渐变成中空的了。可见，植物在进化过程中，是如何适应环境的。

日常生活中，为什么支撑柱杆一般都做成空心的？

在日常生活中，我们见到的水泥电杆、手脚架管以及一些支撑性柱子都做成空心的。在一些机械设备中人们广泛采用钢管或铁管来制造承压的架子，就连我们的金属椅子以及茶几等也是用空心钢管做的。

或许你会感到好奇，为什么人们热衷于空心结构呢？

原来，人们这是在向植物学习，拜植物为老师呢。

大家都见过芦苇、竹子、小麦、水稻等植物，它们的茎干都是空心的。空心的芦苇壁薄而细，在风中摇曳，但不会因此而折断；金色的麦浪在风中翻滚起伏，细细的麦秆支撑着沉甸甸的麦穗和上面所有的叶子，也不会折弯；沉甸甸的稻穗将水稻压弯了腰，但稻茎却没有折断，这些究竟靠的是什么力量？原来靠的都是空心结构的原理。在力学的一定范围内，中空的秸秆同实心秸秆相比，它们的支撑力几乎是相等的。当杆件又细又长，超过了一定限度时，空心杆的承压能力反而比实心杆更大。

将柱子和杆子都做成空心的，既能节省材料，又有较强的支撑力，还减少了重量，人们何乐而不为呢？

藕是荷花的根吗？

你一定吃过藕吧，藕片中全是眼儿，会让我们想起一句歇后语：“一根筷子吃藕——专挑眼儿。”藕长得又粗又大，它是荷花的根吗？如果你这样认为的话，就大错特错了。

藕是荷花的一部分，这一点没有错。每年的 6 ~ 8 月间，荷花会开放出淡红色或白色的花儿，高高地离开水面，在池塘中随风摇曳，十分漂亮。

我们平时吃的藕，也叫莲藕，藕是荷花的变态根状茎。它保留着变态茎的特点，有节和节间，在节处有退化的鳞片，叶腋里有芽。

只要大家仔细观察一下就会发现，藕有一个特点，中间有许多大的气孔，贯穿整个藕部，这样大的气孔与根、叶、花中的气孔相连，形成一个庞大、畅通的通气系统，尽管水下泥土里的氧气含量极少，也能将空气中的氧气输送到淤泥里，从而使在地下生活的藕能通过正常呼吸得到氧气，进行正常的生命活动。这是水生植物的一个共有特点。这种庞大的通气系统，有助于植物水下部分的呼吸。

那么，莲藕有没有根呢？

有的。只要仔细观察一下莲藕大家就会发现，地下茎的各节处会长有一些细长的条状结构，这就是莲藕的根，叫不定根，也被称为须根。须根可以从淤泥下 20 ~ 30 厘米的地方吸收水和无机盐，以供荷花生长和发育。从种植到长出 1 ~ 2 节莲鞭的这段时间里，它会生长出许多不定根，形成一个根群。这时候的根群较短而细弱，对水和无机盐的吸收和植株的固定起着重要作用。当荷花的水面上长出立叶之后，在各节之间才会长出较长而粗的根。

正因为荷花的不定根吸收水分和无机盐，供给着它的生长发育，使其茁壮成长，才使得池塘里的荷花在水中摇曳，姿态迷人。

为什么会藕断丝连呢？

荷花是多年生草本植物，种植在浅水塘中。其茎生长在淤泥中，是变态的根状茎，即藕，也称莲藕。藕长在泥中，靠基茎节上的须状根吸取养分。由于藕的肉质肥厚，脆嫩微甜，含有大量的淀粉，营养丰富，所以自古以来就是人们喜爱的食品。

大家如果将藕折断，会发现断面处有无数条细丝相连，拉一拉会发现这些细丝还很长。这就是人们说的“藕丝”。你可能会好奇地问，为什么会出现藕断丝连的情况呢？

原来，在植物体的木质部内有运输水分和无机盐的导管，在韧皮部内有运输叶制造有机物的筛管。导管和筛管属于植物体内的输导组织，分布在植物体的根、茎、叶、花、果实和种子等器官。这些大大小小的管道四通八达、畅通无阻地完成物质的运输任务。

藕的导管壁增厚，形成了螺旋排列。当藕被折断时，导管里内壁增厚的螺旋部就会脱离，成为螺旋状的细丝，直径有3～5微米。有趣的是，这些细丝很有弹性，可以被拉出，在弹性限度的范围内还可以缩回。有时这些细丝竟可以拉长到10厘米左右，而且还有很好的弹性。

为了验证藕断丝连，不妨将一根洗净的藕折断，再慢慢地拉一下，你会发现有很多细丝被拉长，这些细丝很有弹性，奇趣无比。

了解了藕的这些秘密之后，小朋友们想必会对“藕断丝连”这个成语记忆深刻，有更进一步的理解了吧。

发芽的马铃薯为什么不能吃？

马铃薯也叫土豆，是块茎，是地下变态茎的一种，适于贮存养料和越冬。马铃薯块茎具有芽眼，也就是节，芽眼内有 2 ~ 3 个腋芽，仅其中一个腋芽容易萌发，能长出新枝，所以马铃薯块茎具有繁殖的作用。

马铃薯收获后，在 2 ~ 3 个月内处于休眠期，一般在这个时间内不会发芽。当过了这个时期，马铃薯就会慢慢从芽眼里长出芽来。

马铃薯被光照以后，它的表皮会变成绿色，这绿色的皮里和发芽处含有一种叫龙葵素的物质。龙葵素又叫茄碱，这种物质的毒性很强。

当人们不慎吃了含有龙葵素的马铃薯后，就会出现中毒现象；食后不久，会感到咽喉部和口内发痒，腹部疼痛，还伴有恶心、呕吐、腹泻等症状；吃得少症状比较轻的，停食 1 ~ 2 小时就会自愈；重症者会反复呕吐，往往会造成发高烧、呼吸困难、瞳孔散大、昏迷、抽搐、脱水等症状，严重者还会中毒死亡。

马铃薯芽里的龙葵素含量比马铃薯内的高 50% ~ 60%。所以，遇到马铃薯长芽或表皮变绿，或皮肉变为青紫色时，千万不要食用。如果非要食用的话，可以将芽及芽眼周围的绿皮挖掉，加工煮熟后再吃，切不可在半生不熟的情况下食用。

在市场上，我们经常看到有卖脱毒马铃薯的。那么，什么是脱毒马铃薯呢？

脱毒马铃薯，实际上是采用生物工程技术将马铃薯的病毒去掉，培育出的不含病毒或极少有病毒的新品种马铃薯。马铃薯一旦有了病毒，就会导致马铃薯块退化或减产，并会出现各种症状。不过，要消除马铃薯的病毒并不是那么简单的，要经过一系列的物理、化

学、生物等技术才能清除薯块的病毒。

脱毒种薯有以下特点：

第一，脱除了主要的马铃薯病毒，恢复了品种的原来特性，达到了高产无病毒的目的，由于在脱毒时也将其所感染的真菌和细菌病原一并除去，所以在一定时期内，脱毒薯没有病毒、细菌和真菌病害。

第二，脱毒的种薯由于没有病害，长势好，增产十分显著，一般增产30%～70%，甚至成倍增加。

第三，薯块变大，商品薯率大幅度提高，减少了腐烂、尖头、畸形、疮疤等现象。

为什么从树的年轮可以判断出树龄？

树是比较长寿的植物，我们可以通过被伐倒的树的横断面来判断它的生长年龄。这是怎么回事呢？

从伐倒的树的横断面上，我们可以看到一些不规则的圆圈，这就是树的年轮。有经验的人就是通过树的年轮，判断出树生长的年龄。

在树的茎干的韧皮部有一圈与众不同的细胞，这群细胞呈正方形，细胞小，细胞核比较大，具有分裂增生能力，细胞十分活跃，分裂也快，向外形成韧皮部，向内形成木质部。这群细胞叫做形成层。树干之所以会增粗全靠形成层的作用。

不过，形成层的细胞分裂也会随着季节的不同而有所差异。春天到夏天的时间里，气候暖和，雨量也比较多，很适宜树木的生长，形成层的细胞分裂的速度比较快，生长的速度也快。这时产生的细胞体积比较大，数目也多，细胞壁相对较薄，纤维较少，运输水分和无机盐的导管数目也比较多，这时产生的木质部称为春材或早材；到了秋季，气温逐渐下降，雨量减少，树木相对来说生长缓慢，形成的细胞体积小一点，数量也少些，细胞壁相对较厚，材质紧密，颜色相对较深，被称为晚材或秋材。人们把同一年里生成的早材和晚材合起来称为年轮。应该说明

的是，第一年的晚材和第二年的早材之间，有一圈轮廓明显、颜色分明的线圈，被称为年轮线，这是木材每年生长交替的转折点。根据树木横断面上年轮的数目，就可以知道树木的年龄。

另外，需要弄清楚的一点是，生长在温带地区和雨季、旱季交替的热带地区的树才有年一轮。

年轮是植物在生长过程中的真实记录，大自然会给树木留下烙印，这也是科学研究必不可少的珍贵资料。那么，我们要知道一棵大树的树龄，总不能把树木伐倒去数一数它的年轮吧？

于是，科技人员发明了一种新方法——CT 扫描法，这种方法不仅可以用来观察树木的生长状况，从而得知树木的年龄，还可以知道古代建筑和雕刻所用木材的内部情况，对研究古代的历史也很有启发作用。

为什么说树的年轮是一部活“档案”呢？

树木在生长过程中，会受到各种大自然信息的影响，因此，树木中蕴藏着生长当时的气候、天文、环境等无数相关信息。通过树木的年轮，我们可以获得许多有科学研究价值的东西。

在浩瀚的大海里，有历代沉到海底的大小船只，通过对沉船的打捞，分析所用木材的树种和它的腐蚀状况，就可以知道相关年代的历史情况。

另外，通过对古代树木年轮的分析，我们可以知道当时的气候变化

情况以及气候的变迁。这是因为树木上的年轮在光照充足、风调雨顺时，细胞生长分裂得快，年轮就宽；当光照不足、气温较低、降雨偏少时，树木年轮生长得就窄。中国气象科技工作者对祁连山区的一棵古圆柏树的年轮进行了详细研究，推算出中国近千年来的气候特征，发现 17 世纪 20 年代到 19 世纪 70 年代是近千年来最长的寒冷时期，竟持续了 250 多年。

通过树木年轮中铂成分的分析，我们还可以知道该地区可能含有一些克山病发病的情况。这是因为在克山病发病率高的年份，树木中的铂含量低于正常年份。

树是活档案，树干里的年轮就是记录。它不仅说明树本身的年龄，还能说明每年的降水量和温度变化。年轮上可能还记录了森林大火、早期霜冻以及从周围环境中吸取的化学成分。树可以告诉我们有文字记载以前发生过的事情，还可以告诉我们有关未来的事情。树中关于气象的记录可以帮助我们了解促成气象的那些自然力量，而这反过来又可帮助我们预测未来。

竹子为什么长不粗？

我们知道，绝大多数的树在长高的过程中，同时也在不断地长粗。例如，白杨树、槐树、梧桐树、柳树等，其刚栽下的树苗只有筷子那么细，但经过十多年的生长之后，就长得很粗壮了。可是竹子就不同了，它也能生长许多年，但是它的茎却是长到一定程度就不再长粗了。不管竹子的年龄有多大，也只能长这么粗，这是什么原因呢？

原来，竹子是单子叶植物，而一般的树是双子叶植物，单子叶植物的茎没有形成层。树的形成层位于木质部和韧皮部之间，是一种分生组织。形成层细胞个头小，排列紧密，细胞核大，细胞质较浓，细胞呈正方形，具有分裂增生的能力。形成层每年都会进行细胞分裂，产生新的结构，于是树的茎就一年一年地增粗。竹子等单子叶植物因缺少了形成层，所以长到一定程度就不长了。一般竹子从竹笋到长成 10 多米高，只需 2 ~ 3 个月的时间。

世界上大约有 500 多种竹子，它们是生长比较快的一类植物。只是竹子都长不粗，最粗大的竹子直径也只有 60 ~ 70 厘米。应该说明的一点是，与粗壮的树相比而言，竹子太“苗条”了，但它们是最硬的建筑材料之一，拉伸强度甚至比钢材还高。

据了解，最粗的竹子要算是江西奉新县的一棵大毛竹了。这棵大毛竹在齐眼眉的地方粗 58 厘米，接近地面的地方粗 71 厘米。据记载，最高的竹子是 1904 年在印度砍伐的一棵带刺空心竹，它高达 37 米。然而，某些竹子一天可以长 86.36 厘米，这样不到 3 个月，便可长达 30 多米高了。这也是植物世界的吉尼斯纪录。

竹子一般是十几年到几十年不等才会开花，除非是遇到对竹子生长不利的特殊情况，如特别干旱、严重的病虫害等，竹子才会一反常态，提前开花结籽。

竹子倾其所有，把所有的精华都浓缩到种子中，待到开花结籽后，就完成了生命的旅途。这时，它耗尽了原来贮藏的养分，也要死亡了。

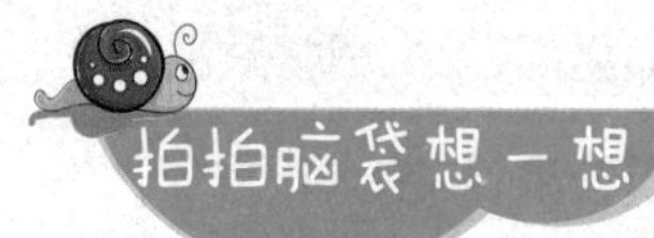

竹子为什么会在雨后长得特别快?

“雨后春笋”这个成语的原意是说春天下雨后，一下子就长出来很多竹笋，比喻新事物的蓬勃涌现。从这句成语的原意我们可以看出，春天的雨后，竹笋长得特别快。这是怎么回事呢?

其实，竹子分为地上部分和地下部分，长在地下的是地下茎，也是根状茎，俗称竹鞭，是一种变态的茎，但它同样具有茎的特征，具有节和节间，还有鳞片叶和芽，节间长有许多须根和芽。芽在生长的过程中，有的钻出地面，发育成竹笋，长成后来的竹子，竹子上面的芽则常形成分枝，分枝上的叶为营养叶，像一把尖细的短柄；而有的芽则发育成了竹鞭。

冬天气温较低，土壤干燥，竹子地下茎节上的芽生长得非常缓慢。到了春天，随着气温转暖，芽会向上生长，钻出地面，这叫春笋。这个时候，由于土壤比较干燥，水分不足，春笋生长得还比较缓慢。一旦下一场透雨，水分充足，土壤也就变疏松了，于是春笋纷纷窜出地面，一夜之间能长高 1 米左右。东南亚地区的竹子甚至一星期能长 10 多米，其长势之迅猛，堪称植物界之最。另外，因为竹子是多年生植物，所以它的茎干高大而坚硬。

植物的叶子为什么是绿色的？

春夏季节，只要大家放眼远望，便会看到满眼绿色，眼前呈现的是一片绿色的世界。

或许是人们对绿色特别偏爱，不少诗人赋诗称颂，如“苔痕上阶绿，草色入帘青”“绿树村边合，青山郭外斜”“麦陇风来翠浪斜，草根肥水噪新蛙”“红树青山日欲斜，长郊草色绿无涯”等。诗人将大自然的景色描写得惟妙惟肖，让人们看到了这绿色的美。

那么，绿色为何尽染大地，植物叶子的颜色为什么是绿色的呢？

起初，物理学家认为，物体吸收哪种光线是由它们的颜色决定的。在数百万年的进化中，植物选择了绿色。也就是说，绿色这种颜色对于叶的生理功能来说，是最适合的。

原来，植物的叶子之所以呈现绿色，是因为植物叶子的细胞里含有大量的叶绿素。叶绿素是绿色的，它是一种重要的色素，能够利用水、二氧化碳，借助光照合成植物所需要的有机物，同时释放出氧气，这个过程叫做光合作用。

从光学来看，叶绿素不能吸收波长为 500 ~ 540 纳米的绿色光线，植物的叶会把绝大多数绿光都反射出去，所以我们看到的树叶就是绿色

的。只有叶绿素能够吸收光谱中的红色光、橙色光、黄色光、蓝色光以及紫色的光线。如果叶子换成别的颜色，就不能承担起这个重任了。

植物的叶子中含有大量的叶绿素，叶绿素吸收光的能力极强，这主要是用于植物的光合作用。叶绿素吸收光谱的最强吸收区有两个，一个是波长为 640 ~ 660 纳米的红光部分，另一个是波长为 430 ~ 450 纳米的蓝紫光部分。

实际上，不光树叶中含有叶绿素，许多未成熟的水果表皮里也有叶绿素。因此，许多果子看上去和叶子一样也是绿色的。

还有，植物叶子的颜色都是由所含有的各种色素来决定的，正常生长的叶中总含有大量的绿色色素——叶绿素，另外还含有类胡萝卜素、花青素等。绿叶中含叶绿素较多，所以呈现绿色。

绿叶的形成还需要阳光吗？

阳光是万物之源。实际上，植物的生长也需要阳光。将蒜种在黑暗的地方，长出来的是蒜黄，说明没有叶绿素；将蒜种在露天的地方，长出来的是绿色的蒜苗，说明有叶绿素。

通过上面的对比实验我们可以得知，叶绿素的形成需要光，绿叶中含有叶绿素等其他色素，叶绿素在光照的条件下，可进行光合作用，即绿色植物利用根吸收的水分和叶子吸收的二氧化碳，合成有机物并释放出氧气。当黄色的蒜苗见到阳光后，很快就会变为绿色。这说明绿叶的形成是需要太阳光的。

移栽树苗时为什么要剪去部分枝叶？

在绿化环境里栽种树苗或种植果树时，人们往往把树苗上的部分枝条和叶子剪去再栽；或看到叶子面积较大的树苗时，还要动用剪刀大动干戈，“咔嚓、咔嚓”剪去部分枝叶。

我们平日里说要保护植物，怎么在移栽植物时却要对它动起手脚来呢？

大家知道，移栽植物首先要把被移栽的植物从地里挖出来，而且在实施的过程中，植物的根系或多或少地要受到损伤。移栽后，这些受伤的根可能会失去吸收水分的功能。要知道，树被移栽后，还要在阳光下进行正常的光合作用和呼吸作用，这些活动需要大量的水分作保障。同时，植物还要进行蒸腾作用，也就是植物体内的水分通过叶片中的气孔以水蒸气的形式散失到空气中，植物根系所吸收的水分几乎 90% 以上都用于蒸腾作用。尤其是在炎热的夏天，植物枝叶的蒸腾作用更是强烈，所消耗的水分会更大。如果不对被移栽的树木动一下手术——剪去部分枝叶的话，植物的地上部分和地下部分的水分就会出现“支出”大于“收入”的情况，容易引起植物的萎蔫，或者使得植物恢复起生长来会很慢，严重时甚至会使植物因失水过多而死亡。

这样就不难看出，我们在移栽植物时，要适当剪去植物的部分枝叶，以降低植物的蒸腾作用，保持植物体内水分的收支平衡，从而提高植物移栽的成活率。

拍拍脑袋想一想

移栽植物时，为什么选择在傍晚或给植物遮荫？

移栽植物时，或多或少都会对植物的根系造成一定的伤害，会影响植物根对水分的吸收。同时，植物的蒸腾作用也会失去大量的水分，一旦植物失水过多，就会影响植物的生长或恢复，这样就达不到移栽植物的目的了。所以，我们在移栽植物的时候，一般选择在傍晚或者给植物遮荫，是为了降低植物的蒸腾作用，这样有利于植物的成活哦！

秋天，植物的叶子为什么会变成多种颜色?

大家都对大自然的景观有所认识，每到秋天，很多树的叶子会由绿色变成别的颜色，尤其是由绿色变成红色，显得更是美丽。

在植物正常生长的季节里，植物体要进行正常的生命活动，一些叶绿素被破坏了，新的叶绿素又产生了，从而加速了叶绿素在叶中所占的“统治地位”，其他色素则被掩盖起来。因此，叶片中始终保持“统治地位”的是叶绿素的绿色。

秋天来临，气温降低，叶绿素的合成受到阻碍，而叶绿素遭到的破坏却与日俱增。这样，叶绿素的“统治地位”被削弱，其他色素则纷纷“登场亮相”。所以，含叶黄素、胡萝卜素多的植物的叶片，就呈现出了黄色。

有些树叶，如五角枫、银杏等，到了深秋，叶子都变成了金黄色，这又是怎么回事呢？这是它们含有较多的叶黄素和胡萝卜素的缘故。

有些绿叶竟会变成茶色，这又是怎么回事呢？告诉你吧，这主要是由于叶子里有一种叫做苯酚类的物质被充分氧化了。

有些树叶除了含有叶黄素外，还含有少量的花青素，到了秋季就会呈现出红色或橙色。

秋天，绿叶变成红叶的植物有很多，如枫树、黄栌、江枫、乌桕、黄连木、火炬树、辽东树等。善于观察的人或许要问，为什么有些绿叶能变成红色，有些就不能呢？

这主要是魔术大师——花青素玩的把戏。花青素有个怪脾气，它在遇到酸的时候，会变成红色的；遇到碱的时候，又会变成蓝色的。枫树叶子的细胞液是酸性的，所以才能变红。如果是寒流袭来，有利于形成较多的花青素，叶子会更红，难怪有“霜叶红于二月花”这样的诗句。

这就是说，如果树叶本身不含酸，叶子就不会变成红色。

还有，多种红叶树的叶子会变成红色的，是因为秋天气温降低，叶内积累了较多的糖分来适应寒冷的天气，体内的可溶性糖也就多了，便形成了较多的花青素，所以一到秋天，树叶就变成红色的了。

不知道大家发现没有，生长在山上的红叶树比长在平地上的红得要早。

这是为什么呢？追根究底，这是因为山上的昼夜温差大，有利于糖分的积累。向阳坡上的阳光充足，土壤干燥，这也是有利于糖分积累的条件。因此，向阳坡的红叶树到了秋天，就会显得更红一些。

我国九寨沟的12月，就像用彩笔画出来的一般。观水望山，红、黄、蓝交错，把山坡染成了彩色。这里有些地方还有过渡色，绿色渐变成黄色，再加染料渐变成红色，真是绿的翠、黄的鲜、红的火。

北京的香山红叶尤为出名，每年的 11 月份左右，香山就变成了红色的海洋，到处是红色，如旌旗飘扬，似火焰跳跃。远望香山就像是朝霞满天，蔚为壮观。

红色也是一种生命的奇迹，只有植物绿色的叶子，才有绿转变成红的巧妙，这是一种独特而美丽的风景，会让人感动或情不自禁地发出感叹！

有些嫩芽、新叶为什么带有红色?

悄悄告诉你

你或许已经注意到了，有些植物刚长出的嫩芽、嫩叶不是无色的，而是带有红色。这是因为植物体内有一种叫花青素的物质，在叶绿素形成之前，花青素就已经存在了，应该说同其他的色素相比，它算是元老级的了。花朵呈现出的美丽颜色，便是花青素搞的鬼。花青素在遇到酸的时候，会变成红色。新长出的嫩枝、新叶，其细胞液呈酸性，所以嫩芽、新叶就呈现出了红色。不过，嫩芽、新叶并不单单只是红色的，也有紫色的、微带蓝色的和黄色的。

松柏为什么能够四季常青？

大家只要注意观察就可以发现这样的规律，像杨树、梧桐、槐树等一些树木，到了冬天就会落叶，整棵树上只剩下枝杈，光秃秃的。但再看看松柏等植物，不论春、夏、秋、冬，一年四季都是郁郁葱葱的。这是怎么回事呢？大自然真的很有趣，有的树落叶，有的树却四季常青。

原来，松柏类的树木原是生长在寒带和高山地区的，由于长期在寒冷的环境中生长，它们形成了独特的御寒本领。

松树的叶子长得细而长，若干个密密麻麻地丛生在一起。它们叶子细小，从而减少了水分蒸发的面积；再加上叶子外面还长有一层角质层的表皮，如同披了一件“御寒衣”，既能保暖，又能防止水分的蒸发。值得提及的是，松柏类植物的叶片中含有的水分本来就少，再加上含有不容易挥发的松脂类物质，可以极大地减少水分的蒸发，当气温降低时，还可以起到防冻的作用。这就难怪，在严寒的冬季，无论气温再怎么下降，也奈何不了松柏类植物。

柏树中的圆柏，它的叶子像小小的鱼鳞片，叶子外面还有一层蜡质，不仅可以防止水分的蒸发，还可以防冻！柏树叶子的蒸发能力仅是落叶树的几十分之一，这就保证了松柏等树木在冬季缺水的情况下，也不会

因水分过多蒸发而落叶，更不会因缺水而枯死。

松柏等树木的叶子并不是不落，而是叶子的寿命长一些，不易被看出来而已。

一年生的落叶树，它们的叶子生长快、寿命短，一年见分晓，例如桑树的叶子只能活 130 天，要它常绿都难。而有些常绿树的叶子的寿命则要长一些，它们的叶子生长期较长，从萌芽到长成叶子，往往需要几年的时间，因此落叶所需要的时间就更长了。常绿树的叶子寿命一般是 1 ~ 5 年，针叶树的叶子寿命可达 3 ~ 5 年，罗汉松的叶子可达 2 ~ 8 年，冷杉叶可达 3 ~ 10 年。在旧叶落下的同时，这些植物又会产生新的叶子。因为新旧落叶无声无息地不断更新，所以看上去，松柏似乎始终是老样子——绿色的。

松柏类植物一般是裸子植物，如松树、柏树、杉树、云杉、冷杉、富松、水杉、紫杉 (红豆杉) 以及红杉等。全球约有 600 种松柏类植物，中国大约有 210 种，其中约有 160 种是原产于中国的。

从树上落下来的树叶都藏到哪里去了呢？

树木长出嫩叶后，就会慢慢长大，变得郁郁葱葱，稍后叶子又会由“成年”变为衰老，从树上飘落下来。按常理来说，树叶常年累月地落下，应该越积越多，但仔细观察就会发现，根本不是这么回事，落下的叶子很快会销声匿迹。这就怪了，那么落下的树叶到底藏到哪里去了呢？

叶子落下以后，通过降雨或刮风等自然作用，就会被埋到地下；还有一些树叶会被水淋湿。这样，我们肉眼看不见的微生物就会起作用了，它们把叶子分解成二氧化碳、水和无机盐。这些物质可以被大自然中的绿色植物吸收并利用，并参与大自然中的物质循环。

同时，地下还有蚯蚓，它以枯枝败叶为食，将吃进的食物消化分解并排出体外，吸收其中的有机物供给自己生命活动的需要，同时将不能消化的食物残渣排出体外，这些东西就是很好的优质肥料，植物的生长离不开它。

哦，原来落下的叶子被分解了，都藏到土壤里面去了。

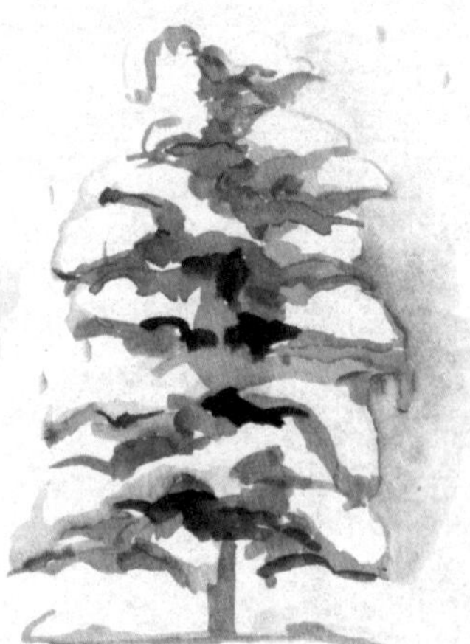

你知道光合作用有什么意义吗？

植物的绿叶被称为是“绿色工厂”，能够进行光合作用。它是指绿色植物通过叶绿体，利用光能，把二氧化碳和水转化成储藏能量的有机物（如淀粉），并且释放出氧气的过程。

那么，光合作用有什么意义呢？

第一，制造有机物，放出氧气。据科学家估计，每公顷森林每天可以吸收约一吨二氧化碳，生产约 0.73 吨氧气。每公顷草地每天能够吸收 900 千克的二氧化碳，生产约 600 千克的氧气。全世界绿色植物每年需耗用二氧化碳 5 500 亿吨，水 2 250 亿吨，可制造有机物 4 000 多亿吨，放出氧气 1 000 多亿吨。这是一个多么庞大的数字呀！

人们把地球上形形色色的绿色植物比作庞大的“绿色工厂”，它能够把大气中的二氧化碳和根吸收的水分，在叶绿体里借助光能合成淀粉，并释放出氧气。

第二，将光能转化为化学能。绿色植物在进行光合作用的过程中，会将太阳能转化成化学能，储存在有机物（淀粉）中。这里要说明的是，地球上的所有生物，都是直接或间接以植物为食，在进食的过程中，也就从食物中获得了能量，成为生命活动的能源。大家都知道，煤炭、石油、

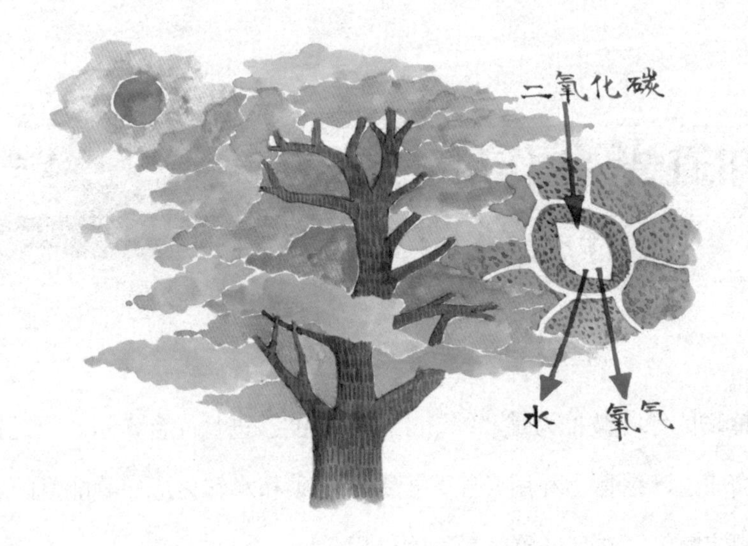

天然气等燃料，归根到底都是由生物体经过漫长的地质变化而形成的；也就是说，这些能量是古代的绿色植物通过光合作用储存起来的。

第三，能够维持大气中氧和二氧化碳的平衡。生物的呼吸作用要消耗氧气，产生二氧化碳。同时，工厂、学校、家庭等各种各样的日常燃烧，也需要消耗氧气，产生二氧化碳。据推测，全世界所有的生物都要通过呼吸作用消耗氧，燃烧各种燃料也要消耗氧，平均速度为10 000吨/秒。以这种消耗氧的速度计算，大气中的氧大约只需2 000年就会被全部用完。然而，这并没有发生。原来，“绿色工厂”能够通过光合作用吸收二氧化碳，产生氧气，从而维持大气中氧气与二氧化碳的平衡。地球上的氧气主要是由藻类植物产生的。

第四，对生物的进化有着重要的作用。起初地球上并没有氧气，当绿色植物出现之后，也就是在距今30亿～20亿年以前，绿色植物在地球上出现并逐渐占有优势之后，大气中才逐渐产生了比较多的氧气，为地球上进行有氧呼吸的生物的发生和发展，奠定了基础。

由于大气中的一部分氧转化成臭氧 (O_3)，而臭氧在大气上层形成的臭氧层，能够有效地滤去太阳辐射中对生物具有强烈破坏作用的紫外线，从而使水生生物开始逐渐能够在陆地上生活。经过长期的生物进化过程，最后才出现广泛分布在自然界的各种动植物。

栽上不久的小树为什么不能摇晃？

春天，通往学校的路旁栽上了许多小树，可有些顽皮的小朋友经常去摇晃小树。过一段时间后，其他没有被摇晃的小树都发了芽，但经常被摇晃的小树竟然没有发芽长叶。原来，这些被摇晃的小树枯死了。

这是怎么回事呢？

原来，小树被栽到土里后，可以利用身体原来保存的养料生长、抽芽、长叶；再从地里吸收水分和养料，慢慢长高、长大。刚栽下不久的小树，新长出的嫩芽很脆弱，如果随便摇晃它，地下的嫩根就会被折断。折断了就再也不能继续吸收水分和养分了，小树就会因缺少水和养料而死亡。我们知道了这个道理后，要更加爱护小树，不要随便摇晃它，好让小树正常生长。

碳—氧平衡为哪般?

我们知道，绿色植物会利用光能进行光合作用，吸收空气中的二氧化碳，利用植物吸收的水分等合成有机物，并释放出氧气。

而人和动物都要进行呼吸作用，即吸收空气中的氧气，释放出二氧化碳。所谓的呼吸作用，是人、动物和植物吸收空气中的氧气，在细胞的线粒体中氧化有机物，释放出能量，同时伴随着二氧化碳和水的生成的过程。

生物的生命活动都需要消耗能量，这些能量来自生物体内的糖类、脂类和蛋白质等有机物的氧化分解。生物体内有机物的氧化分解为生物提供了生命所需要的能量，具有十分重要的作用。

人和动物都需要吸收氧气，释放出二氧化碳。一个人一年要呼出300千克二氧化碳，也就是说，60亿人口将要呼出18亿吨以上的二氧化碳，再加上煤、石油等燃料所放出的二氧化碳，以及动物尸体、植物腐烂和肥料发酵时产生的二氧化碳，再加上动植物产生的二氧化碳，其总的数量是十分惊人的。

据估计，全世界所有生物通过呼吸作用消耗的氧和燃烧各种燃料所消耗的氧，平均为10000吨/秒。以这样消耗氧的速度计算，大气中的氧气最终不会用完吗？但从古至今，地球上大气中的氧气总是占空气总体积的21%左右，二氧化碳体积占0.03%左右，为什么大气中氧气和二氧化碳的含量会如此恒定呢？

原来，这些都是绿色植物的功劳。绿色植物在有光的条件下，吸收二氧化碳，释放出氧气，这是植物的光合作用。与此同时，植物还要进行呼吸作用，吸收氧气，并产生二氧化碳。呼吸作用对植物来说也十分重要，其产生的能量可供植物的各种生理活动的需要。如植物的生长、物质的运输、光合作用合成有机物等都需要能量。

正是由于光合作用和呼吸作用的存在，才使得大自然中的二氧化碳和氧气处于平衡状态，这就是我们所说的碳—氧平衡。可以想象，如果没有植物光合作用和呼吸作用的存在，空气中的氧气和二氧化碳就难以平衡，人类和动物就难以生存。可见，绿色植物对我们的生存十分重要。

在这里需要说明的是，植物的呼吸作用和光合作用的关系十分微妙，既有联系又有区别。植物的呼吸作用在有光和无光的情况下都在进行，而植物的光合作用只是在有光的情况下才能进行。

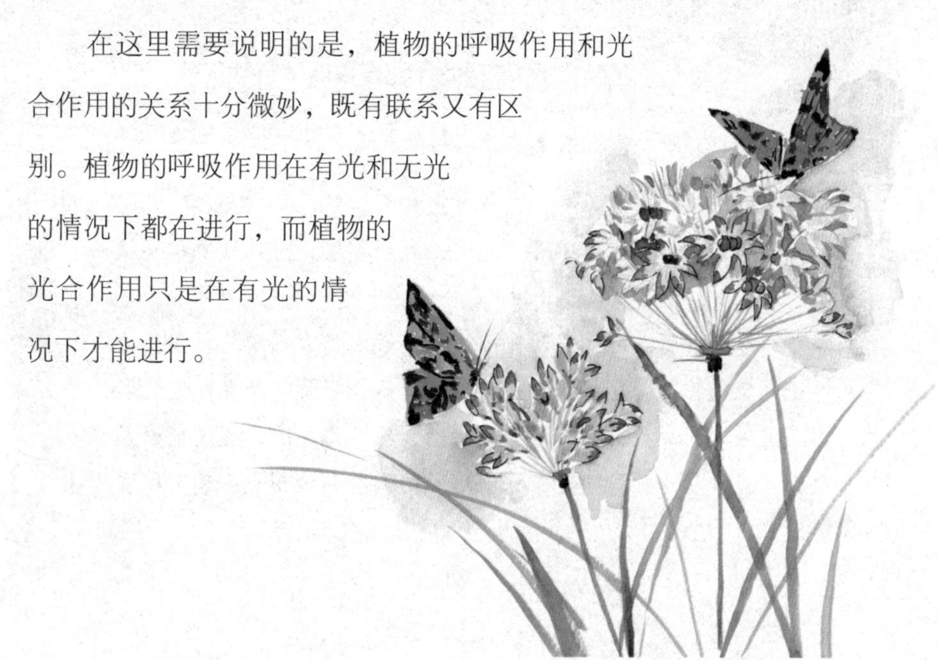

植物进行呼吸作用所分解的有机物正是光合作用的产物，呼吸作用所释放的能量正是光合作用“盗取天火”储存在有机物中的能量。这就是说，没有光合作用制造的有机物，呼吸作用就无法进行。植物进行光合作用的时候，对原料的吸收及物质的运输所需要的能量，正是呼吸作用所释放出来的能量。如果没有呼吸作用，光合作用也就无法进行。

可见，呼吸作用与光合作用是互相依存的关系。

植物的光合作用和呼吸作用是一种完美的结合，互为因果，蕴含着一种合作之美，是一种生命的奇迹。

你了解植物的蒸腾作用吗？

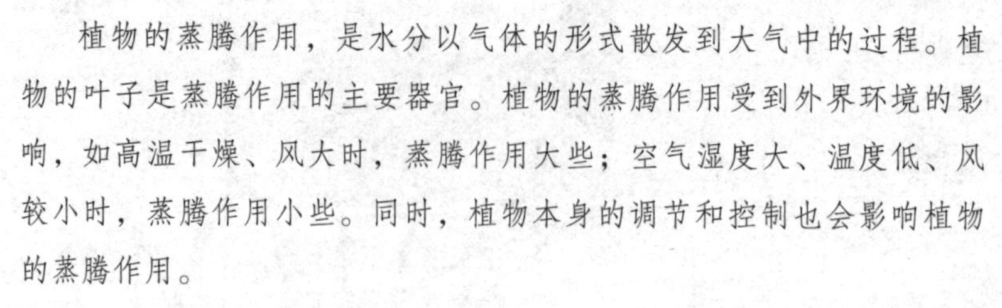

绿色植物具有三大生理作用，这就是光合作用、呼吸作用和蒸腾作用。

植物的蒸腾作用，是水分以气体的形式散发到大气中的过程。植物的叶子是蒸腾作用的主要器官。植物的蒸腾作用受到外界环境的影响，如高温干燥、风大时，蒸腾作用大些；空气湿度大、温度低、风较小时，蒸腾作用小些。同时，植物本身的调节和控制也会影响植物的蒸腾作用。

植物的一生中，通过蒸腾作用要消耗大量的水分。在植物吸收的水分中，有90%以上的水因蒸腾作用而丧失，实际吸收的水分只占3%～5%。

据估计，1株玉米从出苗到收获需消耗200～250千克水。1株向日葵一生耗水30千克左右。一亩稻田，在整个生长期间耗水30万千克左右。禾谷类作物形成1千克干物质，在潮湿气候条件下需要耗水250～350千克，在较干燥的气候条件下需要耗水450～500千克。这些水主要用于蒸腾作用。

据统计，1株15年生的山毛榉盛夏每天因为蒸腾作用失掉的水分约为75千克，而有20万张叶片的1棵桦树夏季每天因蒸腾作用而失掉的水分达300～400千克。

蒸腾作用有什么生理意义呢？归纳起来主要有如下三点：

第一，蒸腾作用蒸发大量的水分，能够降低叶片的温度。当太阳光照射到地面时，其大部分变成了热量，如果叶子没有降温的本领，叶子的温度过高时，植物的表面可能会被"灼烧"。而蒸腾作用的存在，可以将植物表面的热量带走，从而降低叶片的温度。

第二，蒸腾作用可以产生巨大的蒸腾拉力，可以将水分从根的底部慢慢运输到高大的植物顶端。像高达100多米的树木，没有蒸腾拉力，水分根本运输不到大树的顶端。

第三，蒸腾作用可以促进植物对水分和无机盐的吸收和运输。当植物通过蒸腾作用把水分运输到植物顶端的同时，溶解在水中的无机盐也会随着水分被运送到树顶等其他部位，以满足植物对无机盐的需要，从而使植物更加茁壮地成长。

红叶同绿叶一样也能够进行光合作用吗？

我们见到的植物的叶子多数是绿色的，但只要留心观察就会发现，有些植物的叶子不是绿色的，而是红色的，例如糖萝卜、红苋菜、盆栽的秋海棠、山野里的天麻等的叶子，常常是红色或者是紫红色。这样的叶子也可以进行光合作用吗？

回答是肯定的。因为有些植物的叶子虽然是红色的，但叶子里面也含有叶绿素，只是因为这些植物的叶子中还含有胡萝卜素、花青素、藻红素等，而显示为红色的花青素较多，从而掩盖了叶绿素的缘故。

为了证明红叶中含有叶绿素，我们不妨动手来验证一下。把红色的叶子放到热水中煮一下，你会看到红色逐渐会变成绿色。因为其中的花青素是很容易溶解于水的，而叶绿素是不溶于水的。这样，在热水里，花青素很快被溶解，叶绿素却仍然留在了叶子之中，煮后的红叶子竟变成绿色的了，而水却变成了红色的，这就证明红色叶子中的的确确有叶绿素的存在。只是叶绿素的化学性质不稳定，在煮时也会使得叶子变成暗绿色。

以上的实验也能够说明，只要有叶绿素的存在，植物的叶子就可以进行光合作用，制造有机物，释放氧气。

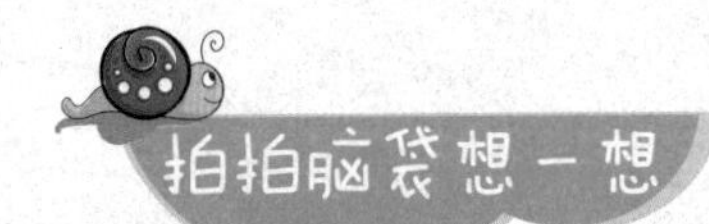

海边的藻类植物怎么会有不同的颜色呢？

住在海边的人很容易发现，常见的石莼、海带、紫菜、鹿角菜等都含有不同的颜色，这是怎么回事呢？

海里的藻类植物从颜色上看，具有不同的颜色，那是因为藻类颜色和藻类体内含有不同种类的色素，色素含量也有差异。

绿藻类：藻体内色素中以叶绿素 a 和 b 最多，还有叶黄素和胡萝卜素，所以呈绿色。绿藻类植物中，石莼、礁膜、浒苔等历来是沿海地区的人们广为采捞的食用海藻；而海产扁藻、小球藻等单细胞绿藻繁生快，

产量高，含有较高的营养价值。

红藻类：红藻类植物除了含叶绿素 a、叶绿素 b、胡萝卜素和叶黄素外，还含有藻红素和藻蓝素，以藻红素占优势，所以藻体呈红色或紫红色。在红藻类中，紫菜是一种食用藻类，它含有丰富的蛋白质，不仅营养丰富，而且味道鲜美；石花菜、海萝等均可食用；鹧鸪菜和海人草是常用的小儿驱虫药。

褐藻类：褐藻类植物含叶绿素 a 和 c、胡萝卜素及数种叶黄素，由于叶黄素的含量超过别的色素，所以藻体呈黄褐色或深褐色，像海带、裙带菜、巨藻、鹿角菜和马尾藻等都是比较著名的褐藻类。

仙人掌为什么浑身都是刺呢?

仙人掌的茎上长有十分锐利的长刺，如果被扎着，疼痛难忍。大家或许会问，这仙人掌怎么会浑身长有那么多刺呢?

仙人掌的老家在北美，它生活在干旱缺雨的大沙漠里。那里气温高，空气十分干燥，一般的植物很难存活。叶片比较大的植物，会因水分蒸腾作用大，丧失较多的水分，从而因缺水死亡。

仙人掌在长期适应自然环境的过程中，叶子几乎变得不能再小，成

为针刺状，减少了水分的蒸腾作用。所以说，仙人掌的刺是叶子变来的，也叫叶刺。并且仙人掌的茎也变得扁平，肉质多浆，便于贮存更多的水分，更适应沙漠缺水的生存环境。

仙人掌练就的耐渴本领十分高强。有人拔起一个仙人球，称了称，有37.5千克重，然后扔在屋子里6年，没有再去理睬它，它却依然活着！当再称它的重量时，仙人球重为26.5千克。也就是说，6年之中，仙人球没喝一滴水，只是动用自己的储备水，也仅仅消耗了11千克。如果换成别的植物，怕是早就已经枯死啦！

总之，仙人掌叶刺对植物的生存有重要意义，它是一种有很好的保护机制的植物。

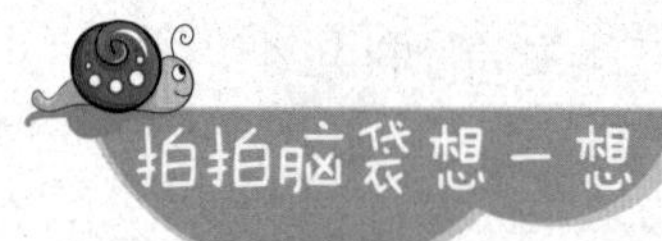

有些植物身上为什么会长刺儿？

我们见到的植物，有的身上长有不少的刺。说起来，不同植物身上的刺，有着不同的作用呢。

皂荚的刺密密麻麻地排列在树干上，看上去十分粗壮、尖利，如果让它扎一下，那可不是闹着玩的。皂荚的刺是由小枝条变来的，有了刺的保护，敌人自然就离得远远的了。像皂荚这样由枝条变来的刺叫做枝刺。

枸骨是一种野生植物，它的叶片边缘长着5～7枚小刺，刺小而坚硬，这对于枸骨来说，能起到很好的保护作用。但这种叶片容易扎伤人与动物，难怪人与动物都对枸骨敬而远之，不敢靠近。

洋槐的刺是由托叶变化而来的，叶柄两侧原本是两片小托叶，为了避免敌害，托叶变成了硬刺。

竹叶椒是人们常见的香料植物，它长有一种尖锐的刺，长在树木的树皮上，是由树皮表面的细胞突起逐渐形成的。这样的刺因源于表皮，所以叫做皮刺。像大家常见的蔷薇、月季等所生的刺，是由植物的表皮毛和少数皮层细胞变形而形成的，都是皮刺，不用费多大的力气就可以把它从树上剥掉。在大家熟悉的板栗的果实上，也长有密密麻麻的刺，大家也叫它“皮刺”。

在荒野中，狗尾草的分布比较广泛，几乎随处都可以看到它的影子。每到秋季，狗尾草就会竖起长长的“尾巴”——穗子，它的穗子比较大，上面长有很多种子和刺毛,这些小刺能够不经意地黏附在衣物或皮毛上，这样就可以帮助狗尾草传播种子。

浑身长刺的植物看似很可怕，但对植物本身的生存是非常有利的，是对自然环境的一种绝妙适应。人或动物看到全身长满尖刺的植物，往往会退避三舍，这对植物来说就增加了一份安全感。

猪笼草为什么能够捕食昆虫？

在花卉店或植物园里，大家经常会看到挂有类似瓶子的植物，这就是猪笼草。世界上的猪笼草有几十种，所谓的“猪笼”是一个类似瓶子状的结构，不同种类的猪笼草捕虫笼各不相同，有绿、黄、红等颜色；大小为 3 ~ 4 厘米。猪笼草捕虫笼可以容纳 500 ~ 600 毫升的液体。

猪笼草长有奇特的叶子，基部有点扁平，中部很细，中脉延伸成一个很长的卷须，卷须的顶端吊着一个长圆形的“捕虫瓶”，瓶口上长有一个盖子，能开能关。它的外形有点儿像过去关猪用的笼子，因此叫它猪笼草。

猪笼草的祖先生活在贫瘠的土壤上，那里缺少营养物质，猪笼草只有捕捉小动物来补充营养。为此，它们的叶子进化成瓶子状的结构，瓶子的内壁有很多蜡质，十分光滑；在中部到底部的内壁上大约有 100 万个消化腺，能够分泌大量无色透明且略有香味的液体，这些液体呈酸性，含有多种化学物质，能够使误入“瓶内”的昆虫中毒和麻痹。在昆虫没有进入笼内时，笼口盖是打开的。当有昆虫误入其内时，笼口盖就会关闭，小昆虫就再也出不来了。可怜的昆虫“一失足成千古恨”，

在消化液的作用下，中毒死亡。随后，昆虫慢慢被消化，为猪笼草的生长提供了营养。

猪笼草大多分布在印度洋群岛、斯里兰卡等地的热带森林里，我国广东南部及云南等省份也有分布。猪笼草喜欢生长在潮湿且温度较高的地方，在条件适宜的情况下，猪笼草能够长出“猪笼”。如果猪笼草生长的地方过于干燥，它就不会长出捕虫瓶来。

有的大型猪笼草的捕虫笼能捕食小老鼠。它们张开大“嘴”，就能慢慢消化掉这些小动物。现在，猪笼草已经成了盆栽花卉。

你知道茅膏菜的捕虫技巧吗？

悄悄告诉你

在自然界，以捕食虫子为生的植物有很多，茅膏菜便是捕虫能手。不过，它和猪笼草捕捉虫子的方法完全不同。茅膏菜植株比较矮小，在植物生长繁茂的地方因个子小而争不到阳光，所以只有到不长植物的地方发展自己的地盘。那里土壤贫瘠，缺乏氮素。茅膏菜喜欢温暖、湿润和半阴的环境，属于热带亚热带植物，抗冻能力不强，当温度低于16℃时，它就停止生长，10℃以下时叶片可能会冻坏。

茅膏菜虽然有叶片，但它不含叶绿素，不能同别的叶子一样进行光合作用来制造有机物，也只能靠特殊的捕虫本领来摄取营养。茅膏菜的叶子紧贴地面，叶片像一个个小汤匙，前半部的边缘上部长有红色的长腺毛，腺毛上带着细密的小“露珠”，这小“露珠”与众不同，它不是“露珠”，也不是汇集成的小雨滴。而是有着暗藏杀机的、能够消化昆虫的液体，这对昆虫来说是一个陷阱。当莽撞的虫子不慎落入不起眼的“露珠”时，腺毛就将猎物粘住，然后逐渐合拢将猎物包住，并分泌出分解昆虫蛋白质的酸性液体，昆虫会慢慢被消化吸收。最后，只剩下不能消化的躯壳。等昆虫被完全消化吸收后，茅膏菜的叶片和腺毛又慢慢展开，静候新的昆虫到来。

含羞草的叶子为什么会下垂？

含羞草是多年生的草本植物。它的茎从基部开始分枝，形成直立或倾斜的形态，高度为 20 ~ 50 厘米，全身长有长长的软毛和尖锐的刺。含羞草的叶子为掌状复叶，由四个羽片合在一起；每一个大叶片上都长着许多小叶片，并成羽状排列。

如果有人轻轻地触动一下含羞草，它展开的羽状复叶会马上闭合起来。随后，叶柄便会垂下去，看上去好像是“害羞”的样子，含羞草的名称便由此而来。

其实，含羞草的这种叶片闭合和叶柄下垂的现象，并不是“害羞”，这只是人类“以己度物”罢了。原来，有些植物受刺激和震动后会发生一种反应，这种反应在生物学上称为感性运动。当含羞草受到外界刺激后，会做出一定的感性运动。

含羞草的叶子和叶柄有着不一般的结构，在叶柄基部和复叶的小叶基部都有一个膨大的隆起，生物学上称之为叶枕。叶枕对刺激的反应十分敏感。一旦有什么触碰到叶子，这种触碰会马上传到叶柄基部的叶枕上。在叶枕的中心有一个比较大的维管束，维管束四周充满具有许多细胞间隙的薄壁组织，薄壁组织的特点是细胞壁很薄。当震动传到叶枕上时，叶枕的上半部薄壁细胞里的细胞液，被排到细胞间隙中，这样叶枕上半部的细胞因缺少组织液，导致膨压降低，而下半部薄壁细胞间隙仍然保持原来的膨压，结果会形成一个膨压差，从而引起小叶片的直立，而使得两个小叶片闭合起来，有时候还会导致整个叶子都垂下来。

有人做过测试，含羞草的叶子在受到刺激后的 0.08 秒内会闭合。叶子闭合一段时间后，小叶又会展开来，叶柄也竖立起来了。含羞草从闭合到恢复常态的时间为 5 ~ 10 分钟。

含羞草为什么会有这样的本领？这与它的祖籍有关。含羞草生活在热带南美洲的巴西，那里常有暴风雨。每当第一滴雨袭来时，叶子

会立即闭合，叶柄也会下垂，以躲避暴风雨对它的伤害。这是含羞草对外界环境变化的一种适应。含羞草的运动也可以看做是一种保护性的措施，一旦有动物来触碰，它的叶子会合拢，动物就会被吓一跳，急忙逃避。

为什么有些植物的叶子、花儿晚上会闭合呢？

每逢晴朗的夜晚，只要细心观察就会发现有些植物的叶子常常会闭合。比如合欢树，它的叶子由许多小羽状的叶子组合，在白天舒展开来，到了晚上那无数小羽片就会成双成对地折合关闭，如同睡觉一般。

有些草坪里长有三叶草，白天有阳光时，每个叶柄上的3片叶子都会舒展开，但到了晚上，3片小叶就闭合起来，像要睡觉的样子。

花生也是，它的叶子从傍晚开始，会慢慢地向上关闭，看上去好像是要睡觉了。会睡觉的植物有很多，醉浆草、白屈菜、羊角豆等都有这样的习性。

有些植物叶子为什么会在夜间闭合？原来，叶子在夜间闭合有着重要的生理意义，它可以减少热量的散失和水分的蒸发。尤其是高大的合欢树，它的叶子不仅仅在夜晚关闭、睡眠，当遭遇大风大雨时，也会逐

渐合拢，以减少暴风雨对它的摧残。这无疑是植物对恶劣环境的一种适应，是长期自然进化的结果。

不仅植物的叶子会睡眠，就连鲜艳的花朵也需要睡眠。生长在水面的睡莲花，每当旭日东升时，它那美丽的花瓣就慢慢舒展开来，十分好看。而当夕阳西下时，花瓣又重新闭合，看似要睡眠，有趣的是这种“昼醒晚睡”的规律还很突出，所以它有一个得体的名字——睡莲。

各种各样的花儿，其睡眠的姿态也各不相同。蒲公英在入睡时，所有的花瓣都向上竖起闭合，看上去像一个黄色的鸡毛帚。胡萝卜的花睡觉时则会垂下来，像正在打瞌睡的小老头。

多种草坪有什么好处？

提到草坪，大家实在是太熟悉了。楼房、厂房、街道、学校、路旁，几乎哪里都有草坪的影子。草坪看上去绿油油的，会使人感到神清气爽。在上面坐着、躺着，或者打个滚儿，都会感到很惬意。或许小朋友会问，种那么多草坪有什么好处呀？

第一，草坪好比是大自然的“肺”。生长良好的草坪，光合作用十分旺盛。据统计，每公顷草坪进行光合作用会吸收 900 千克二氧化碳，制造出 600 千克氧气。25 平方米的草坪就可以把一个人呼出的二氧化碳全部吸收。由此可见，城市中的草坪对净化空气有何等重要的作用，这也是当人们站立在大草坪周围会感到空气特别新鲜的原因。同时，草坪还能吸收空气中的二氧化硫、汞蒸汽、氟化氢等有害物质。

第二，草坪像是“吸尘器”。减少了尘埃也就减少了空气中的细菌含量。据测定，南京火车站灰尘数量大，每立方米空气中含细菌达 49 100 个，而南京中山植物园大草坪上空的细菌含量却十分少。草坪吸附和滞留灰尘的能力极强。草坪上空空气灰尘的浓度只有无草地的 1/5。草坪吸附灰尘后，遇上一场大雨或喷浇一次水，灰尘就会随水流去。

第三，草坪是防暑降温的“调节器”。炎夏季节，大地被火辣辣的太阳烤得像烧红的铁饼，可是草坪上却清凉宜人，一般为22℃～24℃，因为草坪能吸收2/3以上的太阳辐射热。据测定，夏季的草坪能降低气温3℃～3.5℃，冬季的草坪却能增高气温6℃～6.5℃。同时，草坪还能增加空气的湿度，它能把从土壤中吸收来的水分变为水蒸气蒸发到大气中。

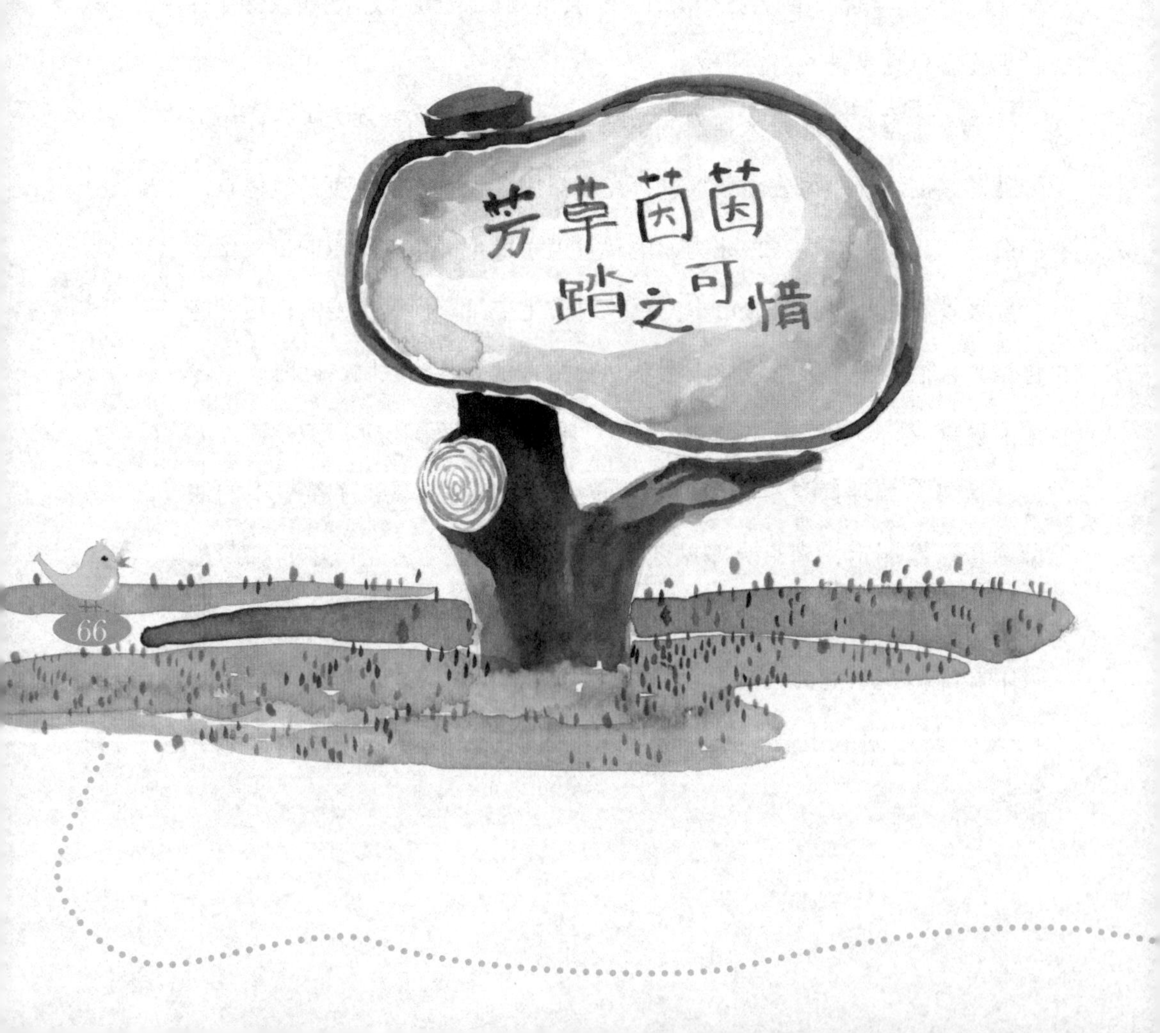

第四，草坪可以降低噪声。一块 20 米宽的草坪，能降低 2 分贝左右的噪声。杭州植物园中一块面积为 250 平方米的草坪，经测定与同面积的石板路面相比较，能使噪声降低 10 分贝。

另外，草坪还有恢复视觉疲劳的作用。草坪与树木构成的绿带，能够大大提高空气中的负离子浓度，可以有效地增进身心健康。

草坪既能净化空气，又能调节气候，怪不得一些发达国家在公路两旁、屋前屋后都要种上大片草坪。

建一块草坪也不是一件轻而易举的事，我们要珍惜并爱护草坪，让草坪发挥它应有的作用。

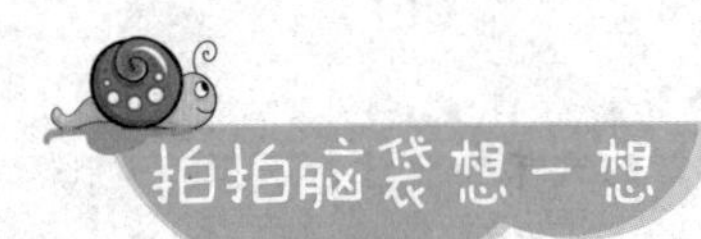

草坪中的草一般都有什么共有特点呀？

草坪是人们用草建成的一定面积的绿色体，代表着一个高水平的生态有机体。草坪中的草大部分是禾本科草本植物，种类比较多，但基本上具有以下共同特点：

草坪中的草叶子多而小，细长而直立。大多数草坪草生长旺盛，它的营养体主要由叶组成，叶子细小而密生，可以长成地毯状草坪。细长而直立的叶片使光线能够照射到草坪的下层，有利于下层叶子的生长，从而不至于出现黄化和枯死的现象。

草坪草的地上部分的生长点贴近地面，而且有硬挺的叶鞘的多层保护。不论是修剪、滚压还是践踏，对草坪草的危害都比较小，有助于它的分枝和不定根的生长，多层的保护更有利于草坪草的越冬。

草坪草一般属于低矮的根茎型、匍匐型或丛生型植物，有着非常旺盛的生命力和繁殖力。除了主要用种子繁殖外，它还具有旺盛的无性繁殖能力。

应该说明的是，绿色是草坪草的象征，草坪草应该具备枝叶翠绿、绿色均匀、保绿期比较长等优点。优良的冷季型草坪草，它的绿色期一般在200天以上；而优良的暖季型草坪的绿色期一般在250天以上。所以，草坪草几乎在一年里都是郁郁葱葱的，一片青绿。

草坪草具有很强的适应能力，它的分布范围也比较广泛，而且抗逆性好，对于寒冷、干旱、强光、践踏、污染、炎热、酸碱等不良环境具有很强的适应能力，还便于管理。

草坪草一般具有良好的弹性，对人畜无害，具有良好的气味和液汁，不污染衣服等。

韭菜割后怎么还会长出来？

韭菜的营养价值很高，平时吃的韭菜饺子、韭菜包子，可以让我们饱尝口福。

随着蔬菜大棚的普及，韭菜一年四季都可以生长，我们不用分季节都可以吃到韭菜。

韭菜是一种多年生长的草本植物，在地下长有不太显眼的小鳞茎，小鳞茎里贮藏着许多营养物质，韭菜就是依靠这种营养物质蓄势生长的，待生长到一定高度后，一般要用镰刀割掉。奇怪，被割掉“头”的韭菜怎么还会再长出来呢？难道割不坏它吗？

不会。韭菜在被割掉以后，很快会长出新的嫩叶来。同时，韭菜的叶子长得特别快。原来，韭菜的小鳞茎里含有一种居间分生组织。这里的细胞小、细胞核大，排列紧密，细胞壁薄，有着很强的分裂增生能力。韭菜被割后，刺激了这里的居间分生组织，细胞分裂加快，不多日就会长出新的叶子来，20多天后基本就又可以收割了。韭菜一年可以收割很多次，所以我们一年四季都可以吃到韭菜，这一点也不奇怪。

“一畦春韭绿，十里稻花香。”当韭菜长到一尺左右时，就到了收割的时间了。不过收割韭菜也有技巧，如果不按科学要求胡乱收割的话，会导致韭菜生长不旺盛。一旦韭菜被割得太勤了，就会导致营养供应不足，新生长的韭菜会一茬比一茬小。

韭菜什么时间才会开花结果？

韭菜一般需要在有一定生长量的基础上，经过冬季的低温和长日照后，夏季才能花芽分化。4月下旬播种的韭菜很少开花。韭菜于5月份开始花芽分化，7月下旬到8月上旬抽薹，8月上旬到下旬开花，9月下旬种子成熟。韭菜花序较小，花期较短，一般为7～10天；但各株间的抽薹期可相差15～20天，开花期也不一致。所以，韭菜的种子很难同时成熟，假如采收种子的话，要分期采收。

花儿为什么多在春天开放？

春天，小河冰融化了，花红柳绿，大多数的花都开放了，花儿把大自然点缀得姹紫嫣红。为什么大多数花会在春天竞相开放呢？

原来，春天万物复苏，阳光温暖，春风拂面，空气湿润，这种气候是最适宜植物生长的。

过冬时，植物的根、茎部已经贮备了大量的有机物。经过一个冬天的积累，各种植物得到了很好的休息，养精蓄锐。只要外界条件具备，就会萌动发芽。同时，在春天温暖的季节里，各种昆虫也纷纷出来了，能为各种植物传播花粉，进而完成授粉，植物就会逐渐长出果实和种子，为今后的繁殖打下好基础。不同的植物有着不同的习性，大多数植物都选择在春天开花，这也是植物在漫长的演变过程中，对环境的一种适应，是“万木所向”。

另外，植物的一生都要经过春花阶段和光照阶段，都需要一个“寒冷”的考验，即“冷量”的积累过程，否则就会发育不全，不能开花结果。没有一定的“冷量”积累，植物就不能感知春天。据测验，不同品种的苹果胚芽需要在接近0℃的气温下度过1 000 ～ 1 400小时；在－12.2℃下，只需几小时的“冷量”就够了。小麦也需要在0℃以下积累“冷量”。

丁香树上的胚芽也要积累一定“冷量”才能开花。科学家已经发现，如果一棵丁香树上只有一个胚芽积累了足够的冷量，那么，就只会有这一个芽能够开花。

悄悄告诉你

春天里，花开的颜色很多，有红、黄、绿、蓝、白、紫等颜色。不过，各种颜色也有深浅的区别，例如，红色有大红、深红、玫红、紫红、粉红、砖红、朱红、橙红之分。

红色的花朵有桃花、樱花、山茶、杜鹃、仙客来、牡丹、芍药、海棠、红梅等。

黄色的花朵有金盏菊、小苍兰、迎春花、连翘、五色梅、牡丹、芍药、四季桂等。

绿色的花朵有山茶、牡丹、芍药、绿梅、兰花等。

蓝色（包括青色）的花朵有二月兰、郁金香、风信子、报春花、金边女贞、波斯菊等。

白色的花朵有梨花、结香、瑞香、梅花、水仙、仙客来、玫瑰、白玉兰、牡丹、芍药、兰花等。

紫色的花朵有紫玉兰、紫荆、月季、紫薇、花毛莨、报春花、三色堇等。

无花果真的不开花就结果吗？

小朋友们都吃过又软又甜的无花果吧？但是未必见到过无花果树开花。或许你会认为，无花果树是不开花只结果的吗？

无花果的名字是由于古人的粗心失误而得来的。其实无花果是有花的，只是它的花长得很隐蔽，人们只见到它的果实而没有看到它开花。时间久了，就说无花果不开花。无花果的花不像有的花那样张扬。大多数植物的花开花时，鲜艳的花冠把花儿举得很高，以引来昆虫给它传粉；无花果的花则十分隐蔽，是包在膨大的花托里面的。

我们只要在无花果树的叶腋刚长出小无花果时，摘下一个来就可发现，无花果有一个膨大的花托，在它膨大的顶端有一个小疤痕，细看看的话还有一个小孔。用刀把它切成两瓣，就能见到里面长着许多小突起，这些小突起就是无花果的小花。别看它的花小，却有两种，也就是雄花

和雌花。实际上，在空腔周围的上端长有许多小雄花，下端长有许多小雌花。花隐藏在囊状的总花托里，掩盖于枝叶的腋窝中，不容易被人看见。

那么，是谁在为这凹陷的花授粉呢？

这个不用担心，每到开花季节，就有一种小飞虫——榕小蜂，能够进出自如地在深凹的花托里钻来钻去，给无花果授粉。于是，每一朵雌花都能够结出一个小小的果实，所有的果实都包藏在假果中。所谓的假果，就是由子房和花托发育成的。无花果的肉质部分是由花轴发育来的。

我们吃无花果的时候，有时会咬到似乎如同沙子般的小颗粒，那就是无花果的种子。无花果甘甜可口，营养很丰富。

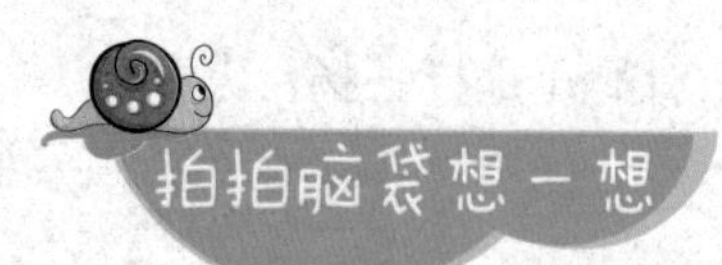

为什么有些植物只开花不结果？

有些植物只开花不结果，如玫瑰、山茶、碧桃、重瓣梅花等都是只开花不结果的植物。这是怎么回事呢？

这些花都是重瓣花。它们之前也有雄蕊和雌蕊，不过，经过漫长的人工培育，花里的雄蕊逐渐演变成了花瓣，供人们观赏；雌蕊则有可能是退化了。因为花没有了雄蕊或雌蕊，无法进行传粉授精，所以就不能结出果实来。

在桃树中，只有碧桃只开花不结果，这是怎么回事呢？

原来，碧桃和果园里的桃树不一样，它是专供观赏用的。能够结出桃子的桃树，它的花朵上有5个花瓣，呈五角形；碧桃的花朵上则有7～8个花瓣，有的还会更多，达到十几个；因为花瓣重叠，它又叫重瓣花。重瓣花里只有雄蕊没有雌蕊，是雄性花，雌蕊则退化成了一个不大的小骨朵。这种花缺少雌蕊，不能受精产生果实，我们自然只能看到它开花，而不能看到它结果。

在杭州西湖的苏堤和白堤两岸，遍地碧桃。每年春天此处还是主要的景点之一。在北京颐和园的昆明湖畔、中山公园等风景区也多有这些观赏类的碧桃。

向日葵为什么会向着太阳转？

“朵朵葵花向太阳。”向日葵对太阳十分迷恋，从早到晚，总是对着太阳。

向日葵有一个又大又好看的花盘，十分惹人喜爱。向日葵的果实是很好的油料原料，也可炒成人们喜欢嗑的瓜子。而且，向日葵易于成活，在一些空闲的小角落等处都可以种植。向日葵总是从早到晚向着太阳转

动，这主要与它产生的一种奇妙物质——植物生长素有关。

这种植物生长素有两个显著特点：一是激素不太喜欢阳光，在茎的背部分布的生长素较多，在有阳光的一面生长素分布得较少；二是生长素能够加快细胞的分裂增长，生长加快。这样，茎会因生长素分布的不同，导致细胞的分裂增长也不同，茎的背部生长得比有阳光的一面快。

当旭日东升，向日葵花盘下面的茎秆里的植物生长素在背光的一面就多。这样，茎的背部细胞生长得比有阳光的一面快，就会造成向日葵的茎向着有太阳的一侧弯曲，花盘便朝向太阳了。随着太阳的移动，向日葵的茎秆里的植物生长素也会不断地移动，就导致向日葵始终跟着太阳转。不过，当向日葵结籽以后，它不断生长，花盘的重量增加，就会低下“头”来，再也转不动了。

向日葵的这种生长现象叫做植物的向光性。很多植物都有向光性，植物的茎都有向着阳光较强一侧弯曲的本领。只不过由于向日葵大花盘的向光性表现得非常明显，所以人们给它起了一个响当当的名字——向日葵。

另外，植物的向光性以嫩茎尖、胚芽鞘和暗处生长的幼苗最为敏感。生长旺盛的向日葵、棉花等植物的茎端还能随太阳而转动。燕麦、小麦、玉米等禾本科植物的黄化苗以及豌豆、向日葵的上下胚轴，都具有向光性。

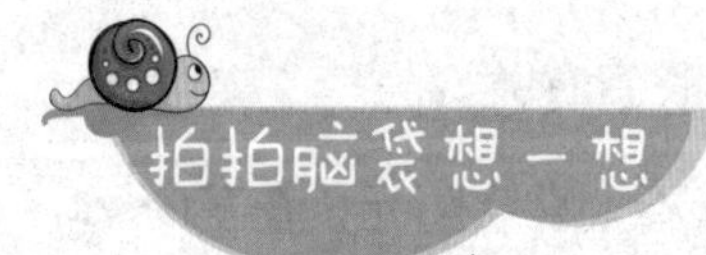

为什么要给生长期的向日葵摘掉部分叶子？

对于绿色植物来说，叶子是它的主要组成部分。因为叶子是它的食品加工厂和仓库。没有了叶子，也就意味着植物会生长缓慢和死亡。

可是，既然绿色植物的叶子这么重要，为什么在向日葵长高之后，人们却要毫不客气地摘掉它的一部分老叶子呢？

这是因为向日葵的叶子长到一定时期，就像一家工厂里面的一台陈旧不堪的“老爷”机器，制造养料的功能减慢，叶绿素变少，影响了在光合作用中的有机物的形成。在这种情况下，老的叶子不仅不能制造养料，连它本身所需的养料也要靠其他的部分来供应，成了“光吃饭不干活”的累赘，大大加重了其他叶子的负担。同时，浓密的叶子挡住了空气的流通，阻碍了临近的向日葵去获得光照。

此外，由于老叶子的生理功能减退，也就非常容易受到害虫的侵略，真是有百害而无一利。摘掉部分向日葵的老叶子，可以使向日葵的叶子朝气蓬勃，轻装上阵，对向日葵的生长非常有利。

菊花的品种为什么那么多？

菊花种类很多，从颜色上看，有白色的，有红色的，有紫色的，有绿色的；因绿色的比较稀少，也就显得珍贵。从形状上看，菊花有的像盘状，有的像碗状，有的像球状，有的像丝状，有的像一个大绒球。那一团团、一簇簇、一丛丛的菊花，实在是招人喜欢……

此时此景，或许你会发自内心地问："哇！大自然怎么有这么多的菊花呀？"

是啊，菊花的品种很多。

菊花有着悠久的栽培历史。起初，大自然中有很多的野生菊花，这些野生的种类经过天然杂交，会产生出许多新的品种来。后来，经过人们长期、耐心的杂交选择和精心培育，菊花的品种逐渐多起来，已经发展成为世界上品种最为丰富的栽培花卉之一，有着众多的原生品种和变异类型，特别引人注目。

说起来，菊花之所以有着众多的品种，有着诸多的原因。

首先，菊花本身就有着普遍的变异能力。菊花是异花授粉植物，就是要靠外来的花粉进行传粉，具有天然杂交的特性，使得子代的每一个

单株都带有不同的遗传物质组成，难免产生形形色色的新品种，扩大菊花家族的成员。

其次，菊花家族植物种间不存在什么严格的“生殖隔离”，换句话说，菊花家族之间很容易发生种间杂交，这样会产生更多的杂交种，这也是获得更多的菊花引种的一个重要来源。栽培菊花极易发生芽变。所谓的芽变，就是植物的芽或分枝中发生的体细胞突变，与原来的品种不同。这样，因为芽变经常发生以及变异的多样性，所以芽变成为菊花变异选择的丰富资源。这也是导致菊花品种众多的一个不容忽视的原因。

再次，人类对菊花进行了有选择性的培育，将受欢迎的菊花品种大力栽培和推广，使菊花更加丰富多彩。菊花原产于中国。菊花丰富的变异得以保留下来，要归功于勤劳智慧的中国人。自从菊花被作为观赏花卉植于庭院之中，人们就通过对菊花的精心栽培，在种植菊花的技术上不断积累经验，从而使菊花的品种更加丰富，菊花家族日益壮大，出现了许多新品种。

我们相信，经过人们的长期栽培和大力选育，菊花还会不断有新的品种出现。

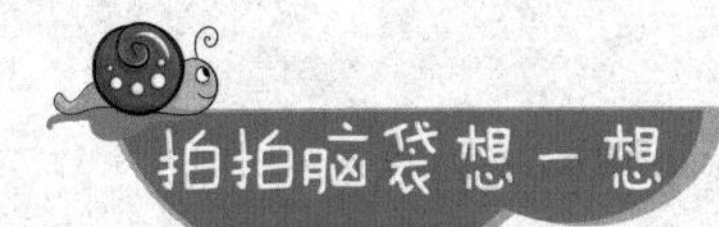

菊花为什么有那么多颜色？

菊花为什么会有红、黄、蓝、紫、白等各种颜色呢？

这是因为菊花中含有花青素、花黄素、类胡萝卜素等物质的缘故。不过，花青素的脾气比较怪，它会在不同的酸碱性溶液中呈现不同的颜色，在酸性溶液中会变成红色，在碱性溶液中会变成蓝色，在中性溶液中则呈现紫色。缺少花青素时，菊花呈白色。花青素如此巧妙多变，再加上其他色素的默切配合，菊花的颜色想不多都难。

黑色花为什么这样稀少？

当你漫步公园、风景区或花圃时，可以看到红、白、蓝等各色各样的花朵，它们争芳斗艳，绚丽多姿。但你很难看到黑色的花。

科学家对 4 197 种花卉的颜色进行了统计，发现只有 8 种花是接近黑色的。因此，深暗色的花朵往往特别名贵，墨菊、黑牡丹等因此成了花中珍品。

或许你会好奇地问，黑色的花为什么如此稀少呢？大自然为什么对其如此苛刻？

大家知道，太阳光是由红、橙、黄、绿、青、蓝、紫七种色光组成的。因为太阳光由多种色光组成，不同光的波长不同，所含热能也不相同。红、橙、黄光的光波长，含的热量多；蓝、紫光的光波短，所含的热量相对少。黑色能吸收太阳光中的全部光波，所以在相同的条件下，黑色光吸收的热能最多。而白色能反射太阳光中的所有光波，所以它吸收的热能最少。黄色能反射太阳光中热能较多的黄色光，所以升温的速度比黑色慢。光对物体吸收能量的多少，主要与体壁的颜色有关。

花的结构一般包括花瓣、雄蕊、雌蕊、花萼、花托等。花瓣一般比较柔嫩，容易受到高温的伤害。比较常见的红、橙、黄色花反射阳光中含热能较多的红、橙、黄色光，不至于被灼伤，有自我保护的作用。而黑色花能吸收全部的光波，在阳光下升温快，花的组织因温度升高而容易受到伤害。所以，经过大自然的自然选择，黑色花的品种被淘汰的多，几乎所剩无几。

另外，科学家还研究了大量的花瓣，试图找到有关使花变为黑色的黑色素。但找来找去，所得到的都是极为普通的花青素，没有找到黑色的色素。这就是说，黑色的花是在花青素和自身的细胞结构中扮演出来的。研究发现，黑色花瓣的表皮细胞既细又长，用手抚摸有天鹅绒般的感觉；红花瓣的表皮细胞则短而粗糙，似馒头形。当光线照射时，表皮细胞是细长的话，就会形成细长的阴影；反之，表皮细胞粗而短的，其形成的阴影就会很小，或根本就没有阴影。当然，这还和花的颜色的深度有关。

以上这就是黑色花少的秘密。

世界上的花卉之最有哪些?

大自然的植物丰富多彩，有着许多令人刮目相看、独占熬头的角色。

世界上最大的开花植物，是生长在美国加利福尼亚州寒拉迈德的巨型紫藤，它的枝干长153米、重252吨，覆盖面积达4100平方米，每年开花150万朵左右，远远看去像是一座庞然大物。

世界上单朵最大的花，是现在印度尼西亚“大花王”，“大花王”每朵花开5瓣，直径1.2～1.4米，重9千克左右。

世界上最不怕冷的花是中国的雪莲，即使在－50℃的环境下，它照样盛开。

世界上最香的花是荷兰的野蔷薇，香气可传得很远，即使相距5千米，人们也可以闻到它的香味。

世界上最耐高温的花是非洲的野仙人掌，可在灼热的沙漠上茁壮生长。沙漠的温度即使是人类在上面行走都会感到难受，足见野仙人掌的耐热力有多高了。

世界上最大的花叫大王花。大王花生长在热带森林里，每年的5～10月是它最主要的生长季。当它刚冒出地面时，大约只有乒乓球那么大，经过几个月的缓慢生长，花蕾可以长成甘蓝菜般大小，接着5片肉质的花瓣缓缓张开，待到花完全绽放大约要经过两昼夜的时间。大王花长出来的巨大花朵，只能维持4～5天的完全开放，让人意想不到的是，花朵竟会不断地释放出一种奇特的臭味，大型的动物一般都会敬而远之。而一些逐臭的昆虫却喜欢前来，充当“媒人”的角色，为它传粉。当花瓣凋谢时，会化成一堆腐败的黑色物质，不久，果实也就随之成熟了，果实里含有许许多多细小的种子，随时准备掉下来，寻找新的发芽地点。

花儿为什么会有香味？

花儿不仅点缀了大自然的景色，而且给人带来了馨香的气息。当我们置身于馥郁芬芳的花香之时，或许你会问，这清香扑鼻的花香是怎样产生的呢？

原来，花儿都有专门制造香味的“工厂”——油细胞。这个“工厂”里的产品，是具有醉人香气的芳香油。当花瓣张开时，花蕊中的芳香油便会挥发出来，只要空气中含有 1/100 亿克的香分子浓度，就会刺激人

的嗅细胞，产生的神经冲动沿着嗅神经传到大脑皮质的嗅觉中枢，从而使人闻到香味。

自然界中还有一些香花，虽然缺少制造香味的“工厂”，却能够在花细胞生长的过程中产生出芳香油来。也有的花细胞里含有一种叫做配糖体的物质，配糖体本身没有香味，但当它经过酶分解的时候也能够散发出芳香的气味来。

当阳光灿烂、空气干燥时，芳香油在常温下能够随着水分的蒸发而蒸发，空气中香分子的浓度增加，我们闻到的花香就比较浓。这就体现了人们所说的“花不晒不香”的道理。

不过，不是所有的花都是只有晒太阳才能晒出香味，或者是香味更浓的。有些花在晚上不晒太阳的情况下也能够散发出香味，如夜来香、待宵草、晚香玉、烟草花等，这些花儿在夜间香气会更浓。这与花瓣上的气孔有关，空气的湿度大，它就张得大，蒸发的芳香油就多。夜间没有太阳晒，空气比较湿润，所以气孔张大，放出的芳香油特别浓。只要你留心观察就会发现，这一类的花不但在夜间，在阴雨天香味也比晴天浓，因为阴雨天的湿度大。“夜来香”和“雨来香”的名字，就是这样得来的。

我国有各种各样名贵的花卉，春天有兰蕙、玫瑰；夏天有荷花、茉莉；秋天有菊花、桂花；冬天有腊梅、水仙。一年四季有看不尽的鲜花，闻不尽的花香。

那么，花儿为什么要散发香味呢？

这主要是由于植物传种接代的需要。植物开着花儿主要是为了吸引昆虫前来传粉，这样的花儿是虫媒花。虫媒花一般有鲜艳的花冠，纷香的气味，甜美的花蜜。昆虫喜欢香味，会纷纷前来取食，这样就不自觉地给植物传了粉，植物传粉与受精的机会就多，更容易结出种子，有利于植物繁殖后代。

应该提及的是，芳香油除了散发香味吸引昆虫前来传粉外，还有一个更重要的作用，它的蒸汽可以减少花瓣中水分的蒸发，覆盖在植物表面，形成一层天然的“保护衣”，使植物在白天温度高时，减少强烈的灼晒的伤害；在晚上可以抵御寒气侵袭。此外，香气物质不仅具有消毒、杀菌、杀虫的作用，还具有防腐功能。

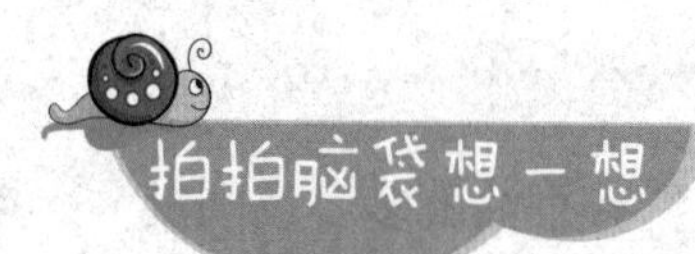

什么是虫媒花与风媒花？

从植物传粉来看，花一般分为虫媒花和风媒花。

依靠昆虫传粉的花叫虫媒花，它们主要是依靠昆虫来传粉。虫媒花的花粉体积比较大，表面粗糙有突起，有的甚至黏着成块。这样，昆虫在光顾花蕊时，花粉很容易黏附在昆虫身上，利于携带。昆虫在取食时，会从一朵花飞到另一朵花，这样会将花粉从一株植物上传到另一株植物雌蕊的柱头上，为植物义务完成了传粉。难怪，人们将昆

虫称为花的“媒人”。需要昆虫传粉的植物很多，如刺槐、瓜类、白菜、各类果树等。

靠风力传送花粉的花称为风媒花。杨树、栎树、桦树、柳树及大部分禾本科植物都是风媒植物，它们的花叫风媒花。风媒花一般有这样的特点，花被不显著，没有鲜艳的颜色，或不具花被，没有香气和花蜜。它们的花粉光滑、花粉的数量多，而且很轻，很容易被风吹散，飘飘悠悠到处都是。还有，雌蕊的柱头上多有分叉，富有黏液，更容易接受花粉。所有这些特点，更多地保证了植物传粉和受精的机会。在植物界中，约有 1/10 的被子植物是风媒花。

梅花为什么会在冬天开放？

梅花的原产地是中国，品种繁多，花期一般在 2 ～ 3 月份。梅花喜欢温暖，对气候变化特别敏感。

梅花有一个突出的特点，就是能傲霜斗雪，在大雪纷纷的冬天里开放。你或许会感到奇怪，梅花怎么会有这般与众不同的本领呢？

原来，梅花喜温暖气候，较耐寒，但一般不能抵抗－ 15 ～－ 20℃以下的低温。不过，梅花有一个最基本的生理需求，就是要经过一定阶段的低温过程才会发芽。它对温度很敏感，当半个月的平均气温达 6 ~ 7℃时，它就可以开花。正所谓“宝剑锋从磨砺出，梅花香自苦寒来”。如果没有经过低温的“冷冻”过程，梅花是不能开花的。

梅花表现出了惊人的生命力，让人感到叹服。人们为了让梅花赶在春节期间开放，于是根据梅花的生理特点来调节梅花的花期。

在合家欢聚共度新春佳节之际，梅花若能应时绽放，当别有一番节日的情趣。怎样使梅花在春节期间开花呢？

通过研究发现，梅花的花期一般在 2 月中旬至 3 月上旬。梅花经过低温休眠后，在 15 ～ 18℃的室内可开放 15 ～ 20 天；在 13 ～ 15℃的室内可开放 25 天；在 11 ～ 15℃的室内可开放 30 天。

梅花虽然没有玫瑰花那么美丽，也没有牡丹花那样高贵，更没有茉莉花的清雅脱俗，但它先为天下春，这是梅的最可贵之处，也是生命的惊人之处。

梅花不畏严寒，独步早春，它赶在东风之前，向人们传递着春的消息，被誉为“东风第一枝”，实不为过。

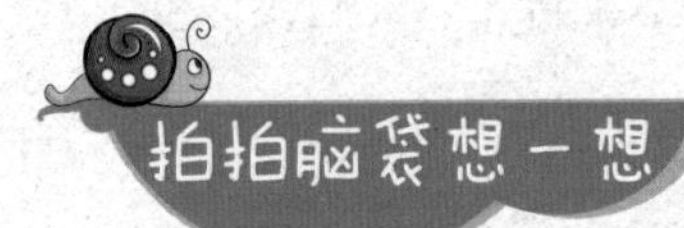

如何让梅花在春节开放？

为了使梅花在春节期间绽放，我们可以用人工调节温度的方法来实现花期随人愿，具体方法如下。

第一，在11月份可以将梅花搬到室内不见光的地方，室温保持在2℃～5℃。春节前20天左右将花搬到朝阳的窗台上或能够照到阳光的地方，每天接受两小时左右的阳光照射。这样梅花便能在春节时开花。

第二，经过低温休眠的梅花，在离春节前15天时，搬到室内有阳光照射的地方，最好用大的塑料袋将其罩住，室温保持在13℃左右，春节期间即可看到梅花开花。

第三，把梅花的花盆放在室外，到了11月底再搬进室内，温度保持在3℃～10℃，春节期间即可看到梅花盛开。

总之，让梅花在春节开放，与冬天的雪景相映，别有一番诗情画意。

为什么花会有各种不同的颜色？

花儿千姿百态，五颜六色，把大自然打扮得姹紫嫣红。人们或许要问，大自然中的花怎么会有各种不同的颜色呢？

只要你仔细地观察一下，就可以发现，大多数花的颜色都有两大类变化，一类是在红、紫、蓝之间变化着，另外一类是在黄、橙、红之间变化着。花色之所以能够在黄、橙、红之间变化，那是由于类胡萝卜素在起作用。类胡萝卜素的种类很多，大约有60种，像枯黄的叶子、成熟的烟叶里所含的黄色叶黄素，都是类胡萝卜素中的一种。花色能够在红、紫、蓝之间变化，那是花朵细胞里的花青素在起作用。花青素是一

种有机色素，存在于植物细胞的液泡中，可由叶绿素转化而来。在植物细胞液泡呈不同 pH 值的条件下，花瓣会呈现五彩缤纷的颜色。秋天植物细胞中的可溶糖增多，细胞为酸性，在酸性条件下呈现出红色或紫色，所以花瓣呈红、紫色，其颜色的深浅与花青素的含量相关；而在碱性条件下则呈蓝色。花青素的颜色受许多因素的影响，低温、缺氧和缺磷等不良环境也会促进花青素的形成和积累。

在植物体内，有酸性的物质，也有碱性的物质。即使在同一植物体内，酸碱度也会因光照、温度和湿度等的不同而产生不同的变化。因此花朵便会呈现出不同的颜色。

你知道植物的花是由哪些部分组成的吗？

悄悄告诉你

植物花的颜色、形状五花八门，形状各异，相差很大，但是它们的基本结构却是相同的。一朵完整的花可分为五个部分，即花柄、花托、花被、雄蕊和雌蕊。雄蕊和雌蕊是花的主要部分，雄蕊能够产生花粉，而授粉后的雌蕊会产生果实和种子。不过，有些植物花的雄蕊或者雌蕊却退化了。

为什么说“鲜花不香，香花不艳”？

对于植物来说，开花不是为了供人观赏，而是为了结果。许多昆虫单凭颜色，就能准确地识别出它所需要的花朵。至于花发出什么气味，昆虫是不会关心的，对它们也不起作用。而对于另一些昆虫就另当别论了，它对于花朵的颜色是不是漂亮不感兴趣，但对花朵散发出来的气味则非常感兴趣，反应十分灵敏，即使是细微的差别，它都可以分辨出来。仅

仅凭着这种灵敏的嗅觉，昆虫在花朵气味的诱导下就能准确地追寻到自己想要找的花朵。这样，对植物来说，既有鲜艳的花朵，又有芳香的气味，是一种浪费，也没有必要。生物进化过程中有一种普遍的趋势，就是不断舍弃多余的东西。特定的色彩或花瓣就足以吸引自己所需要的昆虫，那么浓烈的香气就是多余的了。同样，既然花散发出的特殊气味能够准确地传达邀请昆虫的信息，鲜艳的色彩也就完全没有必要了。

上面这些植物的花都是靠昆虫传播花粉的，也就是虫媒花的植物。当然，非媒花就不需要艳丽的花朵和芳香的气味了，它们的“媒人”是风。只要花粉又轻又细，数量又多，就特别适合风来传播。

为什么有些植物先开花后长叶?

悄悄告诉你

我们只要仔细观察就可以发现，一般的植物都是先长叶后开花，而个别植物却与众不同。在春寒料峭的时候，它们的枝头光秃秃的还没长叶子的时候，花朵却已含苞怒放了。例如，腊梅、玉兰和迎春花就是这样的植物。

奇怪，为什么这些植物与别的植物大相径庭，先开花后长叶，次序颠倒呢?

具体分析起来，这与植物对环境温度条件的需求有关。也就是说，环境的温度决定着植物是先长叶还是先开花，或者是长叶和开花同步进行。

一般来说，春天开花的植物，它们的叶和花的各部分都在上一年秋天至冬天就已经完成了春天开花的储备，将“萌芽”包了起来，也就是叶或花的“雏形”。到了第二年春天，随着气温的逐渐升高，各部分的细胞活动起来，细胞分裂生长得比较快，如果花芽、叶芽生长所需要的气温差不多相同，到了春天，花和叶就会几乎同步开放，也就是花与芽在枝条上同时长出。如桃花、贴梗海棠等就是这样的植物。

对于那些先长叶后开花的植物，是因为叶芽生长所需要的温度比较低，初春的温度虽然低些，但完全可以满足它生长所需要的温度，所以它就先长出叶子来了。而那些先开花后长叶的植物却恰恰相反。它们的花芽生长所需要的温度比较低，而叶芽要求的温度比较高。所以花芽先进行细胞分裂，迅速生长，并长大开花。这时叶芽还在潜伏着，要等待温度的进一步升高，一旦温度达到了叶芽生长的温度后，叶芽便会加速细胞的分裂，生长得快起来，并长出叶子来。

由此可见，植物是先开花还是先长叶，主要是由花芽或叶芽对生长温度的不同要求所决定的。这都是植物长期适应自然环境的结果。

植物为什么要开花？

植物开花是为了结果来繁殖后代。不过，不论什么样的花，它们的结构是基本相同的，都是由一圈圈同心的萼片、花瓣和花蕊组成。一朵完整的花由花托、萼片、花瓣、雄蕊和雌蕊组成。花托和茎紧密相连，支持着花、萼片与茎连接，通常呈绿色，包裹并保护着雄蕊和雌蕊。两性花中有雄蕊和雌蕊，单性花中仅有雄蕊或雌蕊。

花中的主要部分是雄蕊和雌蕊。

雄蕊由花药和花丝两部分组成，花药成熟后会释放出花粉。花开放后就要传粉。传粉或是由昆虫，或是由风力，或是由鸟儿来完成。

雌蕊由柱头、花柱和子房组成。花粉落到柱头上后，受到柱头中黏液的刺激就会萌发，逐渐长出花粉管，慢慢伸长，并产生两个精子，通过胚珠的珠孔进到胚珠内，花粉管随即破裂，释放出这两个精子，一个精子与卵细胞结合，形成受精卵，将来会发育成胚，胚是植物的幼体。另一个精子与两个极核融合，将来发育成胚乳，没有胚乳的种子营养物质会被子叶吸收，成为无胚乳的种子。这样，胚珠后期会发育成种子，子房发育为果实。

种子成熟后，落在适宜的土壤里，发育后长出新的植株。

鸟类也能当“媒人”给花传粉吗?

悄悄告诉你

你可能觉得奇怪，鸟类怎么可以充当花的“媒人”的角色，给植物传播花粉呢?

借助鸟类传送花粉的方式被称为鸟媒，也就是鸟类是花的“媒人”。靠鸟传粉的花叫鸟媒花。据初步统计，全世界大约有2000种鸟对植物起到了传粉作用，这些鸟“媒人”的体形一般比较小巧，飞起来十分灵活，如蜂鸟、太阳鸟、啄木鸟等，其中以蜂鸟最为典型。

蜂鸟主要是靠取食花蜜来帮助花传粉。它有长长的嘴巴，可以利用长嘴进入花瓣合生的花冠口部，来吸食花蜜充饥。当它采蜜时，长长的鸟嘴不免要沾满花粉，再拜访其他花时嘴巴上的花粉就会撒落在雌花的柱头上，为采取花蜜的植物完成传粉。据统计，一只蜂鸟在6.5小时内可采访1 311朵花，它是很出色的拜访者。

值得一提的是，鸟媒花和传粉鸟具有特殊的相互适应关系。典型的鸟媒花，花冠较坚实，能经受一定程度的碰撞，花瓣合生或靠合成管状，花冠的长度及开口的形状与传粉鸟的喙及头部形状相吻合，这样才能便于传粉鸟的光顾，帮助对方传粉；花蜜的分泌量大，适于传粉鸟取食；花药是固定的，不能转动，碰撞时容易散出花粉，便于传粉鸟碰撞使其散落花粉；花生的位置则比较显眼，便于传粉鸟寻找；花色多为能引诱鸟类的红色或橙色；花期长，白天开放，适于传粉鸟活动。

鸟媒花与传粉鸟两者相得益彰，互为有利，是它们在长期的进化过程中练就的唯妙默契，如同天生的“一对”，谁也离不开谁。真是绝妙的配合呀!

为什么绿色的花少?

不知道你注意过没有，大自然中绿色的花很少。想想看，你是不是也很少看到绿色的花。

原来,花的色彩主要取决于花朵细胞里所含的类胡萝卜素和花青素。花瓣内含有两种化合物，一种叫花青素，一种是胡萝卜素。前面我们也曾经提到过，花青素极不稳定，遇到酸时呈红色，遇到碱时呈蓝色，遇到强碱时呈黑色，中性呈紫色，而没有色素时呈白色。胡萝卜素的种类也比较多，已知的胡萝卜素有 60 多种，它一般呈黄色、橘红色、红色，所以花就会呈现出五颜六色了。植物体内很少有产生形成绿色的因素，所以绿色的花是少见的。

绿色花稀少，除了花朵的色素是决定性因素外，还与太阳光有着密切的关系。花是比较柔嫩的，遇到高温就容易受到伤害。所以它们一般只吸收含热量较少的蓝紫光，而将含热量高的红橙光反射出去；而若吸收了红橙光，就容易受高温灼伤。如果花全部吸收七色光波，它所受到的伤害就会更大，更不容易生存，这就是大自然中绿色、蓝色、紫色花比较少见的原因。

绿色的花是原始的种类，不适应于进化，所以绿色的花稀少，是理所当然的事情啦。不过，绿色的花虽然稀少，但也并非没有，如绿色的月季、牡丹、菊花、玫瑰等。

牵牛花为什么在早晨开放？

清晨的路旁、小沟等处，牵牛花张开紫色、白色、红色的小喇叭迎着太阳，到中午时，它已经萎谢了。第二天，又一批牵牛花开花了。牵牛花为什么早晨开花，中午就萎谢了呢？

原来，牵牛花的花冠相比较来说，是大而且薄的，这样的结构蒸发水分很快。清晨空气相对湿润，气温也不高，阳光的照射又比较柔和，牵牛花经过一夜的水分积累，体内的水分是充足的，这样的外界环境对于牵牛花的开放最为适宜。这时，牵牛花花瓣的内侧细胞分裂加快，细

胞生长得也快，于是，花瓣向外弯曲伸张，鲜艳的牵牛花就绽放了。

随着时间的推移，温度会逐渐升高。阳光照射会使空气变得干燥，到了中午温度会更高，水分蒸发更快，牵牛花花冠里的水分被蒸发，根部又来不及吸收足够的水分来供给花的继续绽放。无奈，花冠没有水分的支持，只好委屈地卷曲起来。

牵牛花开花需要阳光，但也害怕过强的阳光导致水分蒸发过快。而清晨的条件正好适合牵牛花开花的需求，所以它的开花时间在早晨。

牵牛花属于虫媒花，有着鲜艳的花冠，它需要蜜蜂、蝴蝶来帮助传粉，蜜蜂和蝴蝶习惯在早晨拜访牵牛花，牵牛花也就应时而开了。牵牛花就这样借助昆虫传粉来繁殖后代。

牵牛花在早晨开放，受周围环境比如阳光、温度、湿度等的影响。它的生活习性是经过长期的自然选择形成的，也正是对自然环境适应的必然。

黄瓜为什么有苦味?

我们在吃黄瓜时，有时候会感到黄瓜有苦味，这是怎么回事呀?

这是一种苦味物质在起作用，名字叫苦瓜素。苦瓜素一般存在的部位以近果柄的肩部为多，前端较少。具体分析起来，黄瓜苦味可能具有三种类型。

第一种是营养器官有苦味导致果实可能变苦；第二种是营养器官有苦味而果实不苦，与环境条件没有关系，不受环境条件的影响；第三种是植株和果实均无苦味，也不受环境条件的影响。目前，有个别黄瓜品种有苦味，一般是属于营养器官有苦味导致果实可能变苦。这是因为生态环境、植株的营养状况、生长状况等均可导致黄瓜产生苦味。所以，虽然是同一棵黄瓜，靠近瓜秧根部的黄瓜有点儿苦，随着时间的推移，再结出的黄瓜则可能不苦。如果植株原来所含苦瓜素的含量就比较多，在定植前后因实施水分控制致使液泡中果汁浓度增大，相对的苦瓜素含量就更高，所以发苦。如果水分控制得当，黄瓜生长迅速，苦味就会消失。

还有，氮素多、温度低、日照不足、肥料缺乏、营养不良等，以及植株衰老多病等生育不正常的情况，都可能形成苦味瓜。因此，从栽培上应设法调节黄瓜的营养生长和生殖生长，来防止黄瓜产生苦味。

另外，苦味具有一定的遗传性，要注意选择不具有苦味的品种种植。黄瓜出现苦味瓜，要加强管理，尤其是平衡施肥；同时注意温度管理，棚温高于 30℃时要及时放风，地温低了要提温，基本保持在 13℃以上。可根据黄瓜植株生长的需要，适时地在叶面喷洒营养调节剂，也可减少苦味瓜的出现。

有些黄瓜不仅长柄端处苦，而且整条瓜都很苦，这又是怎么回事呢？

原来，生物的演化方向有两个趋向：一种是向前发展，称为生物的进化，这是主流；一种是在一定条件下，生物也会向反向发展，称为返祖现象。黄瓜可能由于受环境的影响或本身的变异，某一植株又恢复了大量合成苦瓜素的能力，形成苦味瓜也就难免了。

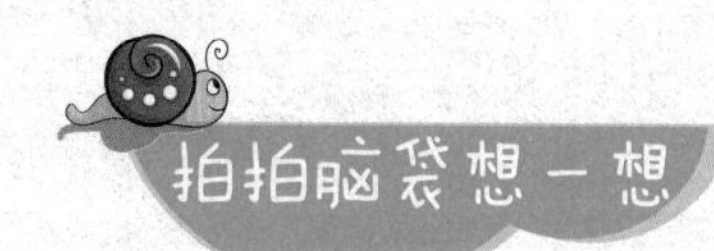

吃菠萝时为什么要蘸点盐水再吃?

小朋友都吃过菠萝，也知道吃菠萝要蘸着盐水吃。但为什么要这样做呢?

菠萝又叫凤梨，它的果肉是黄色的，汁液很多，营养丰富，酸甜可口。

通过对菠萝的果肉成分进行分析我们得知，它含有苹果酸、柠檬酸等有机酸。在没有成熟的菠萝果肉里，有机酸含量比较高，糖分含量较少，味道发酸。成熟的菠萝果肉里有机酸含量减少，糖分含量增多，酸甜可口。不过，如果不蘸着盐水吃菠萝，嘴角就会有一种麻木刺痛的感觉，这是由于菠萝果肉里含有一种“菠萝酶”，它能够分解蛋白质，对人的口腔黏膜和嘴唇的表皮细胞有刺激作用。如蘸着盐水吃，就没有这种感觉了。原来，盐水中的食盐能够抑制菠萝酶的活动，减少菠萝酶对口腔黏膜和嘴唇的刺激，口腔就感觉舒服了。同时，一部分有机酸分解在盐水里，使菠萝的味道显得更甜、更爽。

新疆的西瓜为什么特别甜？

新疆西瓜有一个突出的特点，就是特别甜。

新疆地区的西瓜以其个大、多沙瓤、高糖分、味甘爽等特点，深受顾客的青睐。你知道新疆的西瓜为什么特别甜吗？

新疆深居内陆，远离海洋，四周又有高山环绕，潮湿的海洋气流很难到达，所以这个地区雨量少，气候干燥。在这里，一天中的气温变化较大，白天烈日炙烤，气温很高；一到夜晚，气温又急剧下降，日夜之间的温度差能有几十摄氏度，所以有“早穿皮袄午穿纱，守着火炉吃西瓜”的说法。一年中，冬夏之间的温差也有30几摄氏度。由于阴雨天少，阳光照射时间长，这里就成了我国日照时间最充足的地区之一。这样的气候为大陆性气候。

这是新疆独特自然条件的“恩赐”。日照时间长、温度高，农作物可以充分地进行光合作用，制造出大量的淀粉、糖类等有机物质。一到夜晚，气温又降得很低，植物的呼吸作用减弱，这样就减少了养分的消耗。正是由于这样的原因，作物果实中能够积累大量的有机物质，不但长得个大，而且养分充足。新疆瓜果又大又甜的秘密就在这里。

再有，瓜果中的含酸量与瓜果成熟期的气温密切相关，高温有利于瓜果中酸的代谢分解，因而瓜果中酸度低。

新疆气候干旱，降水量很少，这本来是瓜果生产的不利条件，但当地依靠定额灌溉却实现了人工的稳定控制，免除了旱涝对瓜果生产的不利影响。年年干燥的天气使新疆瓜果极少出现病虫害，有利于这里的瓜果质量逐年保持优质。

总之，新疆瓜果特别香甜的因素有很多，但新疆丰富的光照、变化剧烈的温差、少雨的气候，是重要因素。每年的7～9月份，新疆的游人倍增，也与这里的瓜果大量上市不无关系。

你会挑选西瓜吗？

悄悄告诉你

在炎热的夏日里，吃上能够消暑解渴的西瓜，确实是一种惬意的享受。

西瓜所含水分约占全果的90%，比任何水果都多。瓜瓤含糖量一般为7%～11%，其中主要是果糖，此外还含有维生素、蛋白质、果胶等。西瓜营养丰富、甜美可口，是消暑解渴的夏令佳果。

西瓜味甘，性凉而不寒，老幼皆宜，因为西瓜中的维生素C具有阻止病毒的作用。将整个西瓜（或切开后用保鲜膜包好）放入冰箱冷藏十几分钟，食用时更觉透心冰凉，清甜可口。那么，在市场上怎样来挑选西瓜呢？

买西瓜有“观、弹、听”三字口诀。

观：看瓜皮是否有光泽、匀称，花纹是否清晰。再看瓜的两头，有藤蔓的一端越粗越好；另一端落花后的蒂部，越圆越小就越好。

弹：用手指轻弹西瓜，如果发出“咚咚”的闷响，很可能是个熟瓜；如果发出脆嘣嘣的响声，西瓜可能有点偏生。

听：用拇指在西瓜上用力一按，捧到耳边听，瓜内有“嗞嗞”的汁液细流声，就是一个比较熟的瓜。

除此之外，还要注意，如果瓜皮柔软、瘀黑，敲声太沉，瓜身太轻，甚至摇瓜闻响声，那就有可能是一个倒瓤烂瓜，不能食用。

怎么让柿子由涩变甜呢?

柿子刚从树上摘下来时很涩，不能吃。

原来，柿子里有一种特殊的细胞，叫做单宁细胞。因柿子的品种不同，单宁细胞的大小和多少也不一样。柿子一般分甜柿子和涩柿子两类。甜柿子成熟后，会自动去涩，可直接食用。涩柿子成熟后，需要采取脱涩处理后才能食用。那么，成熟后的甜柿子，或经过脱涩处理后的涩柿子，涩味跑到哪里去了？

其实，单宁并没有跑。涩柿子中的单宁细胞里，绝大多数是可溶性单宁。当我们吃柿子时，部分单宁细胞破裂，可溶性单宁流出，被唾液溶解，使我们感到有十分强烈的涩味。甜柿子中的单宁细胞里，单宁是不可溶的，当人们咬破果实后，单宁不为唾液所溶解，所以就不会感到有涩味。所谓脱涩，就是将可溶性的单宁变为不溶性单宁，并不是将单宁减少或除去了。

怎么除去柿子中的涩味呢？一般有温水脱涩和石灰水脱涩两种。不过都比较麻烦，我们这里来介绍一种简单可行的方法。

要吃柿子的时候，提前几天把十几个柿子放到塑料袋里，再在里面放上三四根香蕉或同样多的苹果，封住袋口，放在比较温暖的地方。几天之后，生涩的柿子就会变得又甜又软。哦，这是怎么回事呢？

成熟的香蕉或苹果等水果能释放出一种具有香味的“乙烯”气体，这种气体对柿子有催熟作用。所以把生涩的柿子和成熟的香蕉、苹果、梨等放在一起，几天后柿子就会被催熟，变得甜软可口。

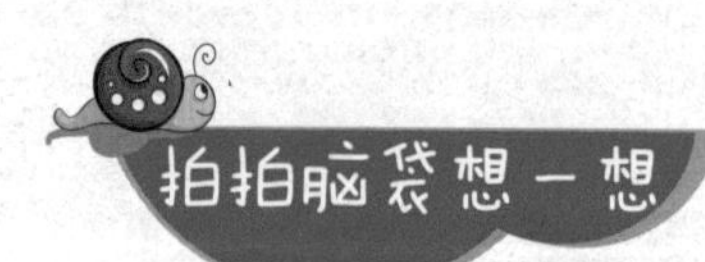

为什么草莓上会有许多小疙瘩？

我们吃草莓的时候，会发现草莓上面会有很多小疙瘩，这是些什么东西呢？

这要从草莓的开花到结果说起。草莓的花为聚伞花序或花簇生，花梗细长，为2～5厘米，花梗上有毛。花是白色的，有的略带红色。花上的雄蕊和雌蕊多数生在圆锥形的花托上。当昆虫为它完成传粉后，子房经过一系列发育，到形成成熟果实时，花托增大变为肉质，成为可食用部分。一个草莓就是一个聚合果，也就是由一花内数个或多个离生雌蕊及花托连合形成的果实。

草莓上面的小疙瘩，是草莓繁殖后代的种子。种子为长圆锥形，呈黄色或黄绿色。仔细观察就会发现，草莓的种子呈螺旋状排列在果肉上。不同品种的种子在浆果表面上嵌生的深度也不一样，或与果面持平，或凸出果面。草莓的果实属于浆果，它表面的种子越多，分布越均匀，果实发育就越好，挑选时就应该选这样的。草莓种子发芽一般为2～3年。生产上一般不用种子来繁殖，因为用种子繁殖出来的成苗，后代性状分离严重，有的严重退化，很难维持母本原有的优良性状。通常，人们是用草莓的植株来繁殖后代的。

苹果表面为什么会长字？

在水果摊上，你一定也看到过那种有福、禄、寿、喜等字样的苹果吧？你是不是觉得很神奇，苹果表面怎么会长字呢？

要结出长着字的苹果，这里的苹果树种必须选择红色果实的品种，如“红香蕉”“红富士”“红玉”等；时间应该选择在幼果已经长大，快要变红的时候。人们先在耐风、耐雨，能够遮光的纸片上，根据苹果的大小写出要写的字，然后用剪刀剪出的形状，注意要用不透明的纸，将它贴在苹果朝阳的一面。在苹果成熟的过程中，凡是被阳光照射的地方，果皮慢慢变成红色，而被有字的纸片遮住的地方，仍然保持着自己的淡青色。果实成熟后，把贴在苹果上面的纸片去掉，苹果表面便出现了所写的字。

另外，还可以用毛笔蘸着墨汁，在苹果将成熟还没有着色之前，把要写的字写在果皮上，等苹果成熟后采摘时，用柔软的湿布揩去墨迹，所写的字就可以清楚地印在苹果上了。

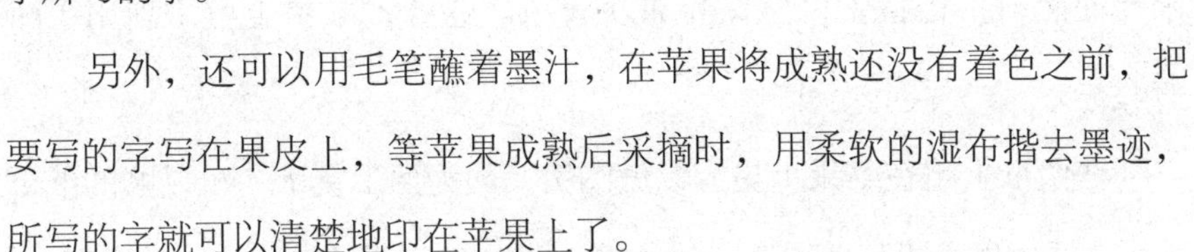

这到底是怎么回事呢？

原来，苹果里含有多种色素，如叶绿素、叶黄素、花青素等。苹果成熟后，内部会发生一系列的变化，叶绿素会分解，叶黄素能够使苹果呈现黄色，它在植物体内的一种酶的作用下，又会变成花青素，花青

素在酸性溶液中有呈现红色的特点。因此，苹果在阳光的照射下，生命活动非常得旺盛，里面的酸性物质增加，花青素呈红色，使向阳一面的苹果呈现出鲜红的颜色；而被纸片（或墨汁）遮住的部分，缺少阳光的照射，花青素仍然保持着淡青色。这样，苹果上就呈现出了所写的字。

在西瓜上比在苹果上更容易做图案，因为西瓜更大，可以贴的纸更大，这样效果会更好些。要记住的是，要在西瓜长得足够大的时候再贴，不然的话字会不清晰。

苹果的切面为什么会变成茶色？

当你切开一个苹果，或给苹果削皮后，过一会儿，你会发现被切开的地方竟变成了茶色。或许是金属刀的作用使得苹果变色了吧？不对呀，我们用口咬开的苹果，过一段时间后，也会变成茶色。这是怎么回事呢？

原来，苹果的果肉里有一种被称为酶的物质，平时，苹果果肉里的酶被坚实的果皮包着，严严实实的，不会接触到空气，所以苹果瓤是白的。当苹果被切开或咬开以后，果肉接触到空气中的氧气，氧气和酶相遇，两种物质之间会发生一系列的变化，使切口的颜色慢慢地变成茶色。这样一来，苹果的营养价值就会降低。所以，对于已经切开的苹果，应该赶快吃掉，不应久放。

要使已经切开的苹果不变颜色，可以用食盐水或柠檬汁浸泡。这是因为盐水会阻止果肉氧化的过程，柠檬汁里含有大量的维生素C可以防止果肉的氧化。

青西红柿放几天为什么会变红?

在西红柿还青色时把它摘下来，放几天后，青色的西红柿就会变成红色。这是怎么回事呢?

成熟的西红柿颜色是红的，没有成熟的西红柿颜色是青绿色的。没有成熟的西红柿含有较多的叶绿素，叶绿素本身就是绿色的，所以这时候的西红柿呈绿色是很正常的。如果西红柿成熟后变红了再摘，运输时很可能被挤压变坏。为了便于运输，一般不等西红柿成熟变红，人们就将其采摘了，所以其中的大多数是绿色的，或者是绿色偏多。

不过，刚采下来的西红柿还具有生命力，在贮藏的条件下还可以完成后熟作用。这里会发生重要的生理变化，西红柿中的叶绿素逐渐消失，或发生转变，被胡萝卜素、番茄红素、叶黄素所代替，西红柿也就由青绿色变成黄色或是红色的了。

实验表明，绿色西红柿在20℃～25℃时比在10℃～12℃时的成熟速度要快，也就是说，西红柿在较高的环境温度下更容易成熟。因此，夏天的绿色西红柿在常温下1～2天就可以成熟变红了。这也启发了我们，要是想将西红柿多贮藏些日子，就必须让它待在温度相对低的地方，因为低温环境更容易贮藏。

有时候，菜农为了让西红柿及早上市，常在青绿色的果实表面喷洒乙烯利，以加快果实的变红。乙烯利中的乙烯具有催熟水果的作用，但这样的西红柿因提前成熟，所以口感不如自然成熟的西红柿。自然成熟的西红柿里面有许多成熟的种子，味道更甜美。

西红柿虽不属于水果类，但和其他果实一样，最好在成熟后采摘。熟透了的西红柿颜色好，果肉质地好，含糖量高，汁多，香甜，比催熟的要好得多，更富有口感。当家里买了青色西红柿时，不妨先放一放，等它变红了再吃，味道会更好。

梅子为什么那么酸？

吃过梅子的人都有这样的体会，梅子是很酸的。甚至，当我们听到或看到梅子时，就会从嘴里流出唾液来。这也让我们想起“望梅止渴”那句成语来。

大家知道梅子很酸，是因为它含有较多的梅子酸。梅子酸是一个笼统的说法，这是因为它包含多种有机酸，如单宁酸、酒石酸、苹果酸等。没有成熟的小青梅中还含有苦味酸、氰酸，因而吃起来更会感到酸中带苦，不便于食用。随着梅子的逐渐成熟，梅子酸也会发生一系列的变化，一部分酸逐渐分解了，也有一部分酸转变成了糖。不过，总的来说，即使是已成熟的梅子，它所含的酸也仍然比别的水果多，难怪吃起来感觉酸味要比别的水果浓很多。

梅子是我国的特产，它不但可以生吃，还可以利用它的酸味，再加糖、盐水浸泡，晒干后制成各种又甜又酸而且带着咸味的陈皮梅、话梅、糖梅等，而且还可以制成酸梅汤、梅酱等。

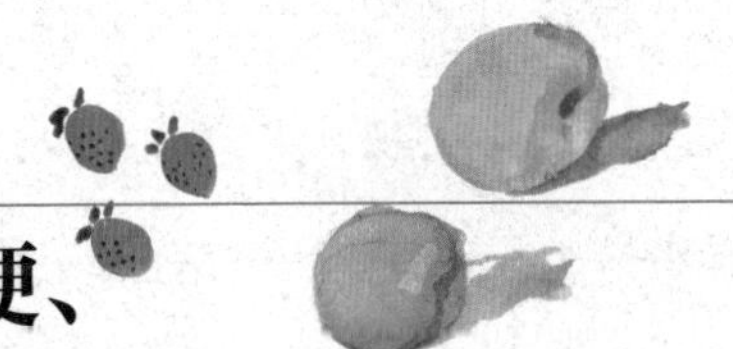

为什么水果熟前酸、硬、涩、青，熟后甜、软、香、红？

许多水果一般都有这样的经历，生果子又酸、又硬、又涩，熟果子却又甜、又软、又香。这是因为在果子成熟的过程中，发生了一系列的化学变化。

在没有成熟的果子中，各种各样有机酸的含量比较高，所以水果里有很多的酸味。成熟的果子中，有机酸大多转变为糖类物质，这样，果子就由酸变甜了。

随着果实的成熟，一些物质会产生一些具有香味的物质，这就导致了果实在变甜的同时，还能散发出香味。

成熟前的水果很硬也很结实，是因为它含有许多果胶，这些果胶大部分是不溶于水的，整天绷着个“脸”，把果肉细胞紧紧地凝结在一起，所以生果实会出现硬而且脆的情况。不过，在果实的成熟过程中，这些果胶会逐渐发生转变，能够溶解于水，有些物质也被分解了，细胞就会处于疏松状态，彼此分离，这时果肉吃起来就会感到松软。像柿子、杏子、香蕉、桃子，都有这样的一个变化过程。此外，果实变软的另一个原因是果肉细胞中的淀粉粒的消失。如果水果中的细胞之间能够保持一定的结合力，则吃起来就会感到硬度大，很清脆。

有些水果在成熟之前会有涩味，这是因为果子中含有鞣酸；当水果成熟时，鞣酸被氧化了，它也就不涩了。柿子便是一个很明显的例子。涩味是由于细胞液里含有单宁所造成的。随着果实的成熟，有机酸的一部分被氧化分解为二氧化碳和水，或转化为糖，或转化为别的物质，于是其酸味下降，甜味增加了。而单宁则转变成无涩味的物质，或凝结成不溶于水的胶状物质，涩味也跟着消失了。

水果在成熟前一般都是青色的。随着果实的成熟，果皮中的叶绿素逐步退出“历史舞台”，而稳定的类胡萝卜素的颜色就显现出来。如果形成了花青素，果实就呈现出红色或红黄色。而西红柿由绿变红，那是生成了番茄红素的缘故。

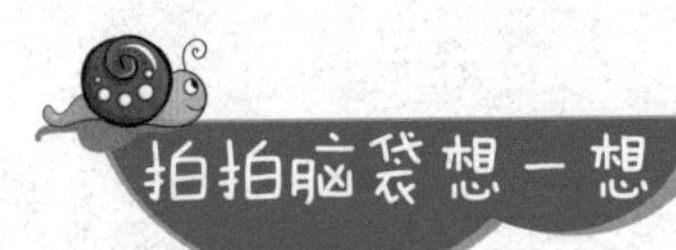

为什么花生会在地下结果？

在植物世界里，花生的开花结果都很特殊，它是唯一在地上开花、地下结果的植物。还有，花生的结果需要在黑暗的土壤环境中进行，所以人们又称它为“落花生”。

那么，花生怎么会有如此奇怪的特性呢？

原来，花生是一年生草本植物，从播种到开花的时间也只有短短几个月的时间。花生从播种到开花，只需要1个月左右的时间，花期却长达2个多月。花生的花有两种，一种花长在枝蔓的上部，开完后就谢了，这是雄花，只开花不结果；另一种花长在枝蔓的下部，这类花开过之后3～4天，子房柄就开始伸长，子房柄起初是向上生长，之后转向

地面，已经受精的子房则一头钻入土壤中。子房柄一天会长 4 ~ 5 毫米，20 天会伸长 10 多厘米。当钻到土中 5 ~ 8 厘米时，子房柄就会停止生长。子房开始肥大变白，上面生出密密的小茸毛，可以直接吸收土壤中的水分和无机盐，供子房的生长发育所需。靠近子房柄的第一颗种子先形成，接着形成第二颗、第三颗……子房的表面逐渐皱缩，形成荚果，在地下发育成熟。

花生在地下结果，是因为花生的幼果必须在黑暗的土壤环境中生长，才能形成果实。

当然，花生开花时，要保持土壤的湿润，在花生秧下培一些新的土壤，让子房柄钻入土里，以便它的果实在黑暗中形成，从而提高花生的产量。

种子怎样才能发芽？

将一粒树的种子种在土壤里，几天之后，种子就会发芽，以后可以长成参天大树。那么，种子是怎么发芽的呢？

种子发芽需要具备两个条件，一是种子的内部条件，二是外部条件。种子的内部条件是具有完整而有活性的胚，以及供胚发育的营养物质，而且种子不处于休眠期；种子的外部条件是适宜的温度、一定的水分和足够的空气，有的种子的萌发与光照没有关系，有个别种子需要在光照的条件下才能萌发。

当种子种在土壤里，吸收水分，逐渐膨胀起来时，种子的呼吸作用加快，种子内的营养物质被氧化，加速了其转变的过程，释放出了能量，从而供给种子发芽的需要。种子在萌发的过程中，首先胚根突破种皮，接着胚芽发育。胚根发育成根，胚芽发育成茎和叶。嫩芽会沐浴着阳光茁壮成长。

种子只要具备自身的发芽条件，再加上适于种子萌发的外界条件，就会发芽。

一年之计在于春。春天，人们忙着把种子播种在土壤里，种子就会在温暖、湿润的条件下发芽，长出幼苗，茁壮成长，到了秋天就会收获多多。这正是“春种一粒粟，秋收万颗子”的过程。

你知道种子有着惊人的生命力吗？

不同植物的种子，其生命的长短是不同的。虽然有些种子的寿命较短，如橡胶树、柳树、杨树的种子，它们仅能存活几周；但有些种子的寿命极长，生命力十分顽强。

在我国辽宁省岫岩县发现的1万年前的狗尾草种子，有3粒发了芽，开了花，又结了籽。在加拿大的冻土层中，人们曾发现过一批1万年前的羽扁豆种子，至今仍能发芽。1955年仲夏的一个清晨，在北京植物园开放了一株不同寻常的莲花。这是1952年在辽东半岛新金县的泥炭土中挖掘出的古莲子长出来的，它的种子在泥土里已经埋藏了850～1000年之久。据分析，这种古莲子的种皮是一层坚韧的硬壳，这是它保持生命活力的秘密。

1983年7月，在四川成都北郊的凤凰山麓，发掘出了一座距今2000多年前西汉时期的古墓。在出土的陶器中，有几十粒只有1毫米长的种子。经过培植，这些种子结果竟然长出了番茄，只是个体略小，形如枣状，味道却与现在的番茄完全一样。

1985年11月，在澳大利亚新南威尔士的勃莱沃德附近发现了一批冰河时期遗留下来的极为珍贵的桉树种子。经过人们的精心培育，一棵桉树苗破土而出，为目睹1万年前冰河期桉树的“风采”提供了难得的机会。

沙漠里有一种生命力极强的梭梭树，它的种子寿命虽然只有几小时，但有顽强的生命力，只要有一点水，几小时内就能发芽生长，速度之快极为罕见。

香蕉里为什么看不到种子？

水果中一般都会有一粒粒的种子。可是，当我们在吃香蕉的时候，却从来没见过它的种子，难道香蕉本来就没有种子吗？

其实不然。香蕉也是一种绿色的开花植物，每只香蕉都是由花序上的一朵花发育而来的，花的子房发育成果实，子房里的胚珠发育成种子，它和其他绿色开花植物一样，也会开花结籽儿。那么，为什么我们常吃的香蕉中看不到种子呢？

这是因为，我们现在吃的香蕉是经过长期的人工选择和培育后改良过来的。原来的野生香蕉中有一粒粒的种子，而且很硬，吃起来很不方便，口感也差。后来，人们对香蕉进行了人工栽培，保优去劣，将果实少、种子又多又硬的香蕉淘汰，而将果实多、种子少的香蕉保留了下来，继续种植。就这样，经过人们长期的培育、改良和选择，野生香蕉的果实渐渐地向着人们所希望的方向发展，它的种子退化，果实变多，甜味增加，香味浓郁，这种优良品质也遗传了下来。

实际上，现在的香蕉也并不是没有种子。如果你仔细观察就会发现，香蕉里面有一排排褐色的小点点。告诉你吧，那是退化种子的痕迹。因为香蕉的种子退化，所以人们只能利用香蕉的吸芽和地下茎进行无性繁殖。

那么，香蕉没有种子，它的果实是怎么发育的呢？这种不经过传粉或者其他的刺激而形成无籽果实的现象，被称为天然单性结实，如葡萄、香蕉、柿子、无花果、无核蜜橘等常形成无籽果实。这些植物的祖先本来不是单性结实的。由于在长期自然条件的作用下，个别植株或枝条发生突变，形成了无籽果实，人们发现了这种情况，就用营养繁殖方法把它保存下来，后来便形成了无核品种。它的发育原理主要与子房内含有较高的生长激素有关，子房中的生长激素在开花前就已经开始积累了，生长激素的增加，使子房不经受精而膨大。

什么种子最大，什么种子最小？

植物的种类丰富多彩，它们的种子也各不相同，在重量上更是千差万别。你知道种子的大与小吗？

世界上最大的种子，是生长在非洲东部印度洋中的塞舌尔群岛上的复椰子，直径约50厘米。从远处看去，复椰子像是挂在树上的“箩筐”。每个“箩筐”就有5千克重，最大的可达15千克，这才是世界上最大的种子。复椰子的种子比蚕豆种子重5 000倍。一粒大的蚕豆种子有2.6克，1千克才385粒。有一种叫斑兰草的种子又太轻了，重量是复椰子树种子的1/500亿。200万粒斑兰草种子只有1克重，8 000粒斑叶兰种子才相当于一粒芝麻。常见的植物中，1万粒大白桦树的种子重5克，而1万粒芝麻重40克，1万粒白杨的种子仅有1.2克。像蒲公英、一点红、生菜等靠风力传播的植物，它们的种子就更轻了。

人们常常用芝麻粒来形容小。不错，在种子家族中，芝麻的种子已经够小了，可是比芝麻小得多的种子还多着呢！

对此，我们不妨作一下比较。1千克芝麻竟有25万粒之多。5万粒芝麻的种子，才有200克重，可是5万粒烟草的种子，只有7克重。四季海棠的种子更小，5万粒只有0.25克。一粒小小的芝麻，比一粒四季海棠的种子要重近千倍。那么，四季海棠的种子是不是最小最轻的呢？还不是。种子家族中最小最轻的小弟弟，要推斑叶兰的种子，它的重量轻如尘埃，只有1/200万克，5万粒斑叶兰种子只有0.025克重，实在小得可怜。只有在显微镜或放大镜下才能看到它们的尊容。

大家或许认为树高种子就大。复椰子树与大白桦树的个头差不多，可大白桦树的种子却太轻了，200万粒白桦树的种子总共只有1千克。两者竟差3000万倍！高耸入云的桉树，种子十分微小，600万粒种子才1千克重，同复椰子树的种子相比更是“小巫见大巫”。

世界上真有“吃人的植物”吗？

有些报纸和杂志偶尔也报道过有关吃人植物的消息。说其威力无比，让人不免产生了“谈虎色变”的感觉。

所谓“吃人的植物”实际上是一种讹传。当然，这种讹传也有一定的历史渊源。

大约在19世纪时，爪哇岛就流传一种名叫“奠柏”的吃人树。据说这种奇特的树生长着许多长长的枝条，有气无力地拖在地面上。在雨林的旅行者如果一不留神踩着了它，就会招来一场大祸。那些枝条会突然把人紧紧地缠住，使受害者无法脱身，如果没有及时得救的话，受害者甚至会被活活绞死。死去的受害者的身体腐化分解后，被“吃人树”吸收，成为了其生长的养料。

传说，在巴西亚马逊河流域的热带雨林里，生长着一种叫“日轮花”的吃人植物，同吃人的蜘蛛共生。这种日轮花长得十分娇艳，叶子有1米多长，花长在中央。如果有人误摘其花，那柔软的叶子立即就像魔爪般变得刚劲有力，会闪电般地把人的臂膀牢牢地缠住，然后使劲往后拖，把不幸者拖入泥泞的沼泽地上，这时守卫在那里的吃人蜘蛛便会蜂拥而上，爬到受害者的身上，又是吸吮，又是咬食。用不了多久，受害者就会只剩下一堆白骨，而“吃人蜘蛛”排出的粪便，就成了“日轮花”的上好肥料。

还有一个传说，说是在非洲马达加斯加的热带丛林里，有一种叫“捷柏”的吃人树，长相十分令人生畏，浑身长满了刚硬的尖刺，有人误触的话，立刻会被它的枝叶抓获，受害者会被“吃人树”分泌的消化液消化、吸收。

就此不难看出，吃人植物的传说，个个活灵活现，难道世界上真有吃人的植物吗？

实际上，到目前为止，植物学界的科学家们尚未发现有关吃人植物的记载和报道。

我们可以这样分析一下，“吃人的植物”再凶，总比狮子和老虎好对付得多，因为它们的活动范围总是有限的。可是，至今还没有任何一位植物学家采集到一株所谓的吃人植物的标本，当然就谈不上植物分类了。

那么，为什么会出现“吃人的植物”的传说呢？

看来，这种主观的猜想，主要与食虫植物有关。

19 世纪进化论的鼻祖达尔文曾对食虫植物加以描述，这才引起了欧洲人的兴趣。正是因为这样，16 世纪末欧洲人才开始进入南洋群岛，直到 19 世纪才从那里传出有“吃人的植物”。当时，那些白人到雨林里，看到那些巨大、形状奇特的植物后，便展开了联想，认为在热带雨林中一定也长着异乎寻常、巨大无比的吃人植物，于是，在这种“丰富的联想”下，“吃人的植物”也就“诞生”了，以致以讹传讹。

在马来群岛的爪哇、苏门达拉等地有一种长得类似瓶子、能捕食虫子的草，“瓶”内有一种汁液，蚊子如果误入“歧途”，便会被溺死其中。这种瓶子草的周围常布有蜘蛛网，蜘蛛会趁火打劫，捕食飞虫。所谓“日轮花与吃人的蜘蛛共生”的说法，可能就是由这种联想而来的。

可见，吃人植物的存在是毫无科学依据的。

如果有人坚持说世界上有吃人的植物的话，那么，就请拿出标本来证实吧！

植物有办法保护自己吗？

植物没有腿，没有锐利的爪，它怎么来保护自己呀？是不是自己心甘情愿地被敌人吃掉呢？

植物没有腿，没有锐利的爪，这是真的。但植物也不是坐以待毙的“懦夫”。告诉你吧，不同的植物有着不同的自我保护的方法和有效的武器。例如，马铃薯被甲虫啃食了叶片之后，马铃薯苗会释放出一股臭味。这臭味又有什么作用呢？哦，你可不要小瞧这种臭味，这可是臭虫最喜欢闻的气味。当一只臭虫觅味来到马铃薯的叶子上后，自然就会发现这只吃马铃薯叶子的甲虫，从而将甲虫吃掉。这样，臭虫就为马铃薯解了围。马铃薯的招法高明吧。

另外，烟草也不是等闲之辈。烟草能够准确地判断出自己是不是被青虫咬了，因为伤口处青虫的唾液对它们来说是一种特殊的信号。如果确定自己被啃咬了，烟草会立刻释放出一种毒液——尼古丁。青虫啃食尼古丁后，会觉得十分恶心，从而停止进食。可见，烟草可以分泌有毒的尼古丁，用来保护自己，而不是坐以待毙。

夏天的中午为什么不能给花浇水？

夏天，天气十分炎热，尤其是到了中午，天气会变得更热。或许有些小朋友想到了自己栽种的花儿，这么炎热的天气，花可能会干死。但是如果这时去给花浇水，就大错特错了。

那么，夏天的中午为什么不能给花浇水呢？

原来，在夏季的中午气温很高，土壤中的地温也比较高。不用说，花卉根系的温度也是比较高的。这时如果突然浇水会使花的温度急剧下降，特别是直接用从自来水或井水中抽取的冷水浇灌，温度会下降得更厉害，这时花的根系会由于土壤温度急剧下降，本身的生理活动发生障碍，从而使得吸水能力迅速下降。再加上高温导致花卉的蒸腾作用加强，对水分的需求量大大增强，但是花吸收水分的能力远远小于蒸腾作用的能力，使得水分供不应求。这样，花就会出现萎蔫的现象，甚至可能导致死亡。在高温时节，农田里的蔬菜幼苗在午后突然遭遇一阵降雨袭击后，往往会一蹶不振，也是同样的道理。

另外，如果一次浇水过多，也会导致土壤里缺氧，影响根系的呼吸作用，使花的吸水能力下降，更加缺水。

还有，夏天的中午土壤温度高，突然给花浇水，温度发生急剧变化，会损伤植物的细胞，不利于花的生长。而如果中午将凉水洒到植物的叶子上，叶面上的温度会骤然下降，上面的气孔会顿时关闭，这样一来，植物体内的水分就散发不出去，造成植物体内更加高温，破坏了植物正常的生理活动。

夏天的清晨和傍晚，天气比较凉爽，这时候给花浇水，土壤温度和水的温差不太大，花就不会受到伤害。因此，有经验的花农通常选择早晨或傍晚给花浇水，以避免花出现萎靡的现象。

树也会冬眠吗？

大家都知道像青蛙、蛇等动物都有冬眠的习性。这时或许会有人由动物想到了植物。那么，植物会不会冬眠呢？

答案是肯定的。

树在冬天也会处于冬眠的状态。树依靠较少的能量就能安全过冬，并且它在冬眠的过程中，会完全停止生长。在温带地区，进入秋季之后，阔叶林的树开始落叶，准备进入冬眠状态；进入冬季后，树几乎完全停止生长。所以在温带地区，到了冬季，树都会冬眠。

大家知道，秋天来临，树上的大部分树叶都会掉光，因为叶子在冬天会蒸发水分，而树根几乎不能从周围冰冷的环境中获取水分，这会导致树干枯而死。

另外，秋天，树根从土壤中获得的供给树干和树枝的水分也减少了，这一点对树木来说很重要。由于水分在结冰之后体积会变大，如果冬天树里还有大量的水分，结冰膨胀就会将树干撑裂。

值得提及的是，由于冬天树枝里的水分减少，树枝也更容易被折断。

为什么说植物也需要好“邻居”？

人们在长期的农业生产中，发现植物也需要好“邻居”。这到底是为什么呢？

人们发现，如果把两种不同的植物种在一起，会出现很多有趣的现象。有的会和睦相处，互助增长；有些则像冤家对头一样，经常闹别扭，不是一方被削弱，就是两败俱伤。这种现象就是植物间的相亲相克行为。

这个问题引起了科学家们的注意，这到底是怎么一回事呢？

原来，草木也有“情”，情投意合的，喜欢在一起；脾气不对头的，就会出现恶斗。于是，有人根据草木有情的道理，给植物搭配了好“邻居”，让植物在“和睦”的环境中茁壮成长。

玉米和大豆就是一对有名的好邻居，玉米喜欢氮肥，而大豆的根系与根瘤菌共生能把空气中游离的氮气固定成可以吸收的氮素。这样，玉米就可以来“借用”了。再者，玉米和大豆在形态特征上也是配合默契，即两者根系深浅不同，它们的“个儿”一高一低，可以充分利用立体的空间。玉米个儿高在上，大豆个头小在下，互不遮挡阳光，而且又能合理地利用地下肥力，真是世界上难找的一对好邻居。据研究，一亩大豆地每年大约能够留住 6 千克的氮。而氮素养料是很对玉米“胃口”的，

玉米守着这样的好“邻居”，一般就不会患“氮素不足症”了。

大蒜就可以和棉花、大白菜等间行种植。大蒜所挥发出来的大蒜素，既能杀菌，又能赶走害虫。所以，大蒜和棉花、大白菜等植物能“相亲相爱”一同生长。

洋葱和胡萝卜是“好朋友”，它们彼此产生的气味可相互驱逐害虫；大豆喜欢与蓖麻相处，蓖麻发出的气味使危害大豆的金龟子望而生畏；玉米和豌豆间种时，两者都健壮生长，互相得益；葡萄园里种上紫罗兰，彼此能够“友好共存”，而结出的葡萄也味浓甘甜；苹果树与樱桃树长在一起时，双双产量倍增。

菜园里，菜农把马铃薯和黄瓜或者菜豆种在一起，双方的长势都很好。

甘蓝也叫卷心菜，它容易患根腐病，要是让甘蓝和韭菜做邻居，就能使甘蓝的根腐病减轻。原来，韭菜能产生一种浓烈的、特殊的怪味，能驱虫杀菌。因此，韭菜常常是很多植物的好朋友。甘蓝与番茄或莴苣种在一起时，番茄和莴苣的气味很大，可使甘蓝的主要害虫——菜粉蝶

闻味而逃，不敢接近。这样不用喷洒农药就可以保护甘蓝了。番茄和莴苣简直成了它的“绿色卫士”。

那么，植物为什么会出现和睦相处的情况呢？

原来，植物之间的关系也是很复杂的，植物在生长发育过程中，各自的器官，特别是叶、花、根都分泌出一些挥发物质，如酒精、有机酸、醚、醛、杀菌素等，这些物质对于相邻的植物有可能能促进其生长，抑制某些病虫害的发生，从而起到非常有益的作用。因而，它能同其他植物共同生长和生活，相得益彰。它们能互惠互利，长期共存，这也是自然长期进化的结果。

为什么说植物也有“冤家”？

有些植物在一起，会引起“恶争好斗”，或两败俱伤，或一方受气。

如果棉田里种芝麻，往往会招致红蜘蛛的严重伤害，所以这两种作物忌讳“住”在一起。

如果让番茄和黄瓜生长在同一个“温室”里，它们就会天天彼此“赌气”，不能好好地生长，最终双方减产。

如果在葡萄园内间种甘蓝，根深株高的葡萄的生长反而会受到抑制。如果甘蓝和芹菜间种，两者生长都不会好，甚至会死亡。

如果把葱和菜豆种在一起，会形成冤家“聚头”的现象，两者的生长都会受到影响。

其实，苹果树与核桃树也是一对冤家。因为核桃叶能分泌大量的“核

桃醌”，苹果树对它过敏，一旦此物质被水冲到土壤里，就会对附近的苹果树根产生毒害，造成苹果树中毒。

如果把蓖麻和芥菜种在一起，虽然前者要比后者粗壮许多，但前者下部的叶子会出现大量的枯黄而逐渐死去。

海棠类植物不宜与柏树栽在一起。这是因为海棠易患锈病，一旦发病，叶片就会长出锈斑，影响海棠树的生长。锈病病菌冬天喜欢转移到柏树上越冬，第二年开春后，锈病病菌又会重新回到海棠树上，加重对海棠树的危害。所以，海棠树与柏树不宜成“邻居”。

如果丁香和铃兰成邻居，丁香花会迅速枯萎，把铃兰移开，即使相距20厘米的距离，丁香也能恢复原状；铃兰也不宜与水仙成邻居，否则会两败俱伤，铃兰“脾气”特别不好，几乎跟其他一切花卉都不能很好地相处；丁香的香味对水仙花也很不利，可以危及水仙的生命；不要把丁香、紫罗兰、郁金香和毋忘我种养在一起或插在同一花瓶内，否则它们彼此之间都会受到不利的影响。

在森林里，如果栎树和榆树碰到了一起，那么你会发现栎树的枝条会背向榆树弯曲生长，力求远避这个“坏邻居”。

园林专家发现，很多植物种在樟树下长得都不好，而种上吉祥草，则会没事儿。

玫瑰花和木樨草相遇，玫瑰花会极力排斥木樨草，而木樨草也不是等闲之辈，在叶子凋谢后会释放出一种特殊的物质，从而使玫瑰花中毒而死；柏树旁种植梨树，柏树散发的气味能使梨树落花落果，一无所获。所以，在种植植物的时候，千万不要把“冤家”种到一块，不然后果不用想也会清楚呢！

那么，植物为什么会出现冤家对头呢？

植物之间如果有相互抑制生长的作用，那就是冤家对头。

植物之间出现“冤家”，都体现了生物进化的法则：适者生存，不适者被淘汰。

“道是无情却有情”，植物有情亦有义。植物的相生相克是长期自然选择的结果，这样更有利于植物的繁衍，从而体现“适者生存”的道理。

怎么来区分果实和种子？

植物的种类成千上万，它们的果实和种子也是形形色色。面对众多的果实和种子，怎么来区分它们呢？

首先，我们要搞清楚果实和种子有什么不同，这样才能对果实和种子加以正确的区分。

那么，果实和种子究竟有什么不同呢？

植物从种子萌发，在生长到一定阶段之后，就要开花传粉，繁殖后代。雄蕊长有花药，产生花粉；雌蕊由柱头、花柱、子房组成，子房里有胚珠。当雄蕊的花粉落到雌蕊的柱头上后，花粉就开始萌发，产生花粉管，并产生两个精子。一个精子和胚珠中的卵细胞融合，形成受精卵，将来发育成胚；一个精子与两个叫极核的细胞融合，形成受精的极核，将来发育成胚乳，没有胚乳的种子，营养都被子叶吸收，变成了无胚乳的种子。当雌蕊受精后，花的各部分便开始发生显著的变化，花萼、花冠、雄蕊一般都会枯萎，雌蕊的柱头和花柱也会萎谢，只剩下子房。随后，子房里的胚珠发育成种子；同时，子房也跟着长大，发育成为果实。

果实可以分为真果和假果，由雌蕊子房发育起来而形成的果实，叫做真果，如桃、梅、李、杏子等的果实。它们外面一层很薄的表皮

是外果皮，肥厚多汁的果肉是中果皮，坚硬的核壳是内果皮，而核壳里面的仁才是种子。而有些雌蕊的花托、花被等连同子房一起发育成为了果实，被称为假果。苹果和梨的厚厚的果肉，就是由花托和雄蕊、花被的基部共同发育而成的，其中可吃的部分主要是由花托发育成的。

对于绿色开花植物来说，果实是由果皮和种子组成的。比如一个番茄就是个果实，它外面有果皮，里面一粒粒黄色的东西就是种子。再比如，苹果是果实，苹果籽是种子，其余的是果皮，我们吃的是它的果皮。

在日常生活中，很多果实和种子往往容易被人们混淆。比如，葵花子是种子，其实，它是由子房发育起来的果实，而人们吃掉的是种子，吐掉的壳却是果皮。玉米、水稻等通常被称为种子，但事实上，这些“种子”也都是子房发育而成的，是真正的果实，在植物学上被称为颖果。由于这些“种子”的果皮和种皮合生在一起，不易分离，所以农民就称它们为种子。

有趣的是，有些植物的果实里没有种子，如香蕉、无核葡萄、无核柑橘等，这些果实里没有种子是由于人工的培育或药剂处理造成的。还有一些植物，如雪松、金钱松、杉树、柏树、银杏、苏铁等，它们没有果实，只有种子，这些植物属于裸子植物，开花时胚珠都没有子房包被，没能结出果实，只是胚珠形成种子，种子是裸露的，裸子植物也由此而得名。

要想区分是果实还是种子，就要先知道它是由花的哪部分发育而成，由花的子房发育成的是果实，由胚珠发育成的则是种子。

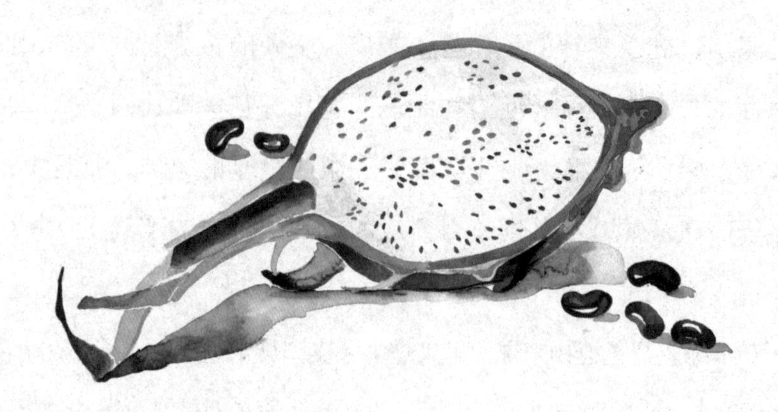

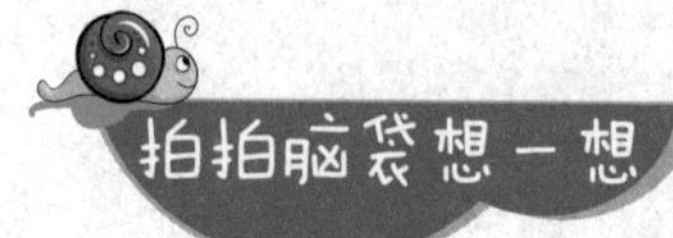

你知道种子的力量有多大吗？

植物种子虽然在形态、重量等方面有着很大的差异，但在传播或吸水膨胀方面有着许多相似之处，有着非凡的力量。

种子吸水膨胀能产生很大的力量，其产生的压强可达几十帕至几百帕。比如，风干的苍耳种子在膨胀后产生的压强竟有1千帕。富含蛋白质的种子，因蛋白质有亲水性，膨胀过程产生的力量会更大，大豆就是最典型的代表。

有这样一个故事。几十年前，一艘满载大豆的货轮触礁搁浅，两只货舱都进水了。几天后救援人员赶到，人们发现进水的舱门已经变形，无法打开，隔舱钢板明显凸起。原来是舱内大豆吸水膨胀，体积竟增大了几倍，产生了极大的压力，从而导致钢板变形。

大豆吸水就会膨胀，这股膨胀的力量很大，足以把玻璃瓶胀破。把大豆播种在土壤里，它膨胀的力量可以顶起超过自身远不止数倍的土块。一个碰扁的铝壶装上大豆后，再加上水，大豆膨胀的力量可以使碰扁的铝壶撑起复原。你看种子的力量多大啊！

为什么年年除草除不尽呀？

我们只要走到田间地头、路边或是野外，就能见到丛生的杂草。我们也知道农民年年都要清除田间地头的杂草，但杂草每年还是会蓬勃地生长。年年除草除不尽，年年都会长杂草，这是怎么回事呀？

杂草一般都能产生大量的种子，一年能够繁殖二三代，产生几万到几十万粒种子。种子成熟后一般容易造成脱落，在土壤中储存，而且数量是很惊人的。一般情况下，每株野燕麦可产种子 300 粒，每株绿狗尾草可产种子 6 000 粒，每株苣荬菜可产种子 3 万粒，每株马齿苋可产种子 20 万粒，每株画眉草可产种子 90 万粒，每株艾蒿可产种子高达 240 万粒。还有些杂草的根、根茎、鳞茎、块茎等也是繁殖的主要器官，所以往往会出现，我们把地面的草除了，但不久，地下的根茎又长出了新草。我们有时连根茎彻底清除，但它又散落了大量的种子。不难看出，杂草有着顽强的生命力，能够抗旱、抗涝、抗寒、耐盐碱、耐贫瘠等。难怪，处处有杂草的踪迹。

杂草不但种子的数量众多，而且种子还有着惊人的生命力，这也是我们除不尽杂草的另一个原因。有些种子在土壤中或者水中能够维持好几年的寿命，有的甚至几十年后还能发芽，例如，4 年后的稗

草种子在水田内还有 34.2% ~ 52.5% 的发芽率，直到第 7 年才全部死亡；麦娘、硬草、棒头草的种子在水田内 2 年的发芽率分别为 39.3%、62.7%、33.3%，而在旱田内 2 年后死亡率达 100.0%；马齿苋的种子在旱田内经 7 年发芽率为 33.3%，而在水田内则为 23.0%。

杂草除了有顽强的生命力和惊人的繁殖能力以外，其传播的方式也是五花八门的，它们在四处都可以安家。难怪，年年除草除来除去仍有草。

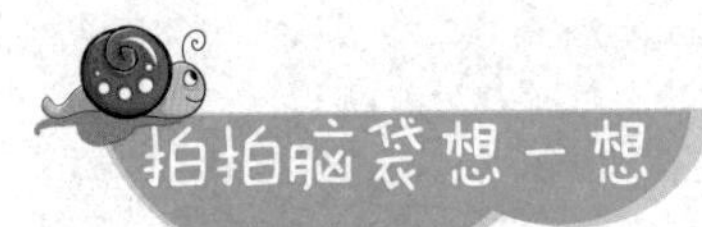

你知道大自然中的植物“播种机”吗？

植物的种子（或果实）成熟后，便会脱离母体向周围散播，这叫做种子的传播。自然界中，植物种子成熟后，是怎么来传播的呢？这个其实不用担心，自然界中拥有义务为植物传播种子的“传播机”。

在大自然中，义务“传播机”有风力、水流和动物等。

五月春风吹过，榆树上的榆钱儿像小蝴蝶似的飘落下来，会被风刮得很远。榆钱儿中间是一粒扁圆形的种子，周围是薄薄的圆片，像一个中间厚的椭圆形饼，遇到潮湿的土壤就会发芽生长。这都要感谢风的帮忙。

春天，柳絮像雪花似的随风飘舞。种子就躲在柳絮里，可以随风飘到很远的地方。

蒲公英的瘦果细小，而且有喙，喙顶长着白色的冠毛，就像一把小降落伞，随着风的吹动，飘飘扬扬，可以散播到很远的地方。

借助风力散布的果实和种子，有一个突出的特点，一般是小而轻，或具有毛或翅，有的种子会从上部开裂的小孔中散布出来，随风飘扬，四处散落。

另外，还有利用水力散播果实和种子的，主要是水生植物和沼泽植物。热带地区有些种子可以随海潮在1～2年内漂流几千千米。像椰子就是利用海潮来散播种子的，海潮可以将椰子带到很远的地方。

植物借助动物的力量来散播果实或种子是很普遍的。有的植物的果实成熟后，颜色十分鲜艳，再加上其果肉甜美，会吸引人或动物来食用。被食用后，种子会被扔到四处或随粪便排出而被散播到四面八方。还有的植物的果实具有钩毛，会黏附在人或动物身上，借此传播到很远的地方。有些野生植物的果实或种子干脆与栽培植物同时成熟，借人的收获与播种来传播，繁殖后代。

植物为什么能感知春天?

春回大地，大地复苏。树芽儿开始萌动；小草儿吐出绿意；花的蓓蕾绽开；蝴蝶在飞舞，所有这些都预示着春天来了。

植物为什么能感知春天？为什么植物几乎同时在向我们昭示春天的来临？

每当寒秋来临之际，植物都进行着有机养料的贮存工作。把有机养料输送到茎、枝或根；或在芽的表面长出鳞片或鳞茎，作为过冬的寒衣，也为来年的生长做准备。

植物是如何感知春天脚步的来临的呢？科学家对此也进行了深入研究，认为植物是从气温的升高来感知春季的变化。如果植物仅仅依靠温度来判断春天的来临，植物就会很容易上当。如果外界的温度有几天短暂的回暖，植物就把严冬季节中这几天短暂的回暖误认为是春天来了，植物体开始萌动，这样对于植物的生存来说是很危险的。当气温再次降低时，植物很可能会被冻死。

可见，植物不能单凭外界的温度感知春天的脚步。其实，植物是依据千变万化的环境信息来确定时令的。而且不同的植物，甚至同一植物的不同部分，可能会对不同的信息有所反应。

在植物的一生中，要经过春花阶段和光照阶段，都需要通过“寒冷”的考验，即“冷量”的积累过程，否则植物就会发育不全，从而不能开花结果。没有一定的“冷量”积累，植物就不能感知春天。据测验，不同品种的苹果树上胚芽需要在接近0℃的气温下度过1 000 ~ 1 400小时；在－12.2℃下，只需几小时的“冷量”就够了；小麦要在0℃以下积累“冷量”；丁香树上的胚芽也要积累一定的“冷量”才能开花。科学家已经发现，如果一棵丁香树上只有一个胚芽积累了足够的“冷量”，就只会有这一个胚芽能够开花。

那么，唤醒球茎、种子的又是什么呢？球茎中心的底部是一个胚芽，周围被许多肥厚的鳞叶紧密地包围着，这些鳞片富含大量的营养物质。因此，许多球茎同树芽一样，也要在经历冬天低温寒冷的刺激之后，才能在春天发芽。许多种子都有外壳，当春天来临的时候，它们的外壳和种皮因冬天气候的变化导致了脱落或破损，这些种子失去了外壳或种皮的保护，外界的空气和水分进入了种子，种子在适宜的外界条件下就会萌发。

许多植物每一年大约都在同一时间开花，这主要与植物的光周期有关。当植物的叶片日积月累地感受了满足它开花的光照时间和夜间时间后，叶片就会分泌出促使形成花芽的物质，并随光合作用的产物输送到花的生长点，生长点接到这个信息之后，就会加速花细胞的分裂，从而迅速生长，植物就在春天里绽开了花蕾，将大自然打扮得格外美丽。

你知道一棵树有多少生态价值吗？

你或许会问，一棵树有多少生态价值呢？

印度加尔各答农业大学的德斯教授对一棵树的生态价值进行了计算，一棵50年树龄的树，累计算下来，产生氧气的价值约为31 200美元，吸收有毒气体、防止大气污染的价值约为62500美元，增加土壤肥力的价值约为31 200美元，涵养水源的价值为37500美元，为鸟类及其他动物提供繁衍场所的价值为31 250美元，产生蛋白质的价值为2500美元。除去花、果实和木材价值，它总计创价值约196000美元。

可见植树造林，绿化环境，有着多么重要的意义啊！

我们都应该加入植树的大军中，用自己的行动改变环境，让大地更绿、更美！

我们知道了一棵大树这样有价值，可以走出去，到荒山、田野、路旁、堤畔，栽下一棵棵树苗，播下自己的希望，这不仅能美化自己的家乡，美化生活环境，而且树木的生态价值还会给人们带来更多的惠利。

为什么说红树是胎生植物？

如果说某种动物是胎生的，大家绝不会感到奇怪；但如果说某种植物是胎生的，大家就会惊讶地瞪大眼睛，感到非常奇怪。在大自然中，绝大多数植物的繁衍，都要经过种子发芽、幼苗、开花、结果这样的一个过程。但是，也有一种植物，当种子成熟后并不马上离开母体，而是像哺乳动物的胎儿在母体中发育那样，在母体的果实中发芽，直到长成幼苗后才离开母体，这就是“胎生”植物。

我国南部沿海的红树，是一种典型的胎生植物。细说起来，红树同其他植物一样也要开花、授粉、受精、结籽。与众不同的是，它的种子在成熟之后却与其他植物不同，一是种子不离开母体，二是要吸收母体的营养才能发芽。难怪，在红树开花结果的时候，便可以看到树上会结满几寸长的“角果”。如果你认为这是红树的果实，那就大错特错了，那是由种子发育的幼苗。

当小树的嫩绿枝芽从果实中钻出来，长到 30 厘米左右时，由于风吹或自身的重量便从母体中掉落下来。幼苗上细下粗，具有支撑根和呼

吸根的棒锤状，像个小炸弹一般落下。如果幼苗落到海滩的淤泥上，便会直插在淤泥中，从此就在这里落户，长成一棵小树。如果幼苗落在海水里，它可以依靠粗大下胚轴里的通气组织，在海上过着漂流的生活，一旦海潮把它送到海滩，几小时便可以长出侧根，很快就能够扎根生长起来。

红树的幼苗扎根之后，它的生长速度相当惊人，平均每小时可以长高3厘米左右，在长到1.5米高的时候，就可以开花结果。如果繁殖新植物体，一株幼苗用不了几年的功夫，便能够在海滩繁殖成一片红树林，这主要是得力于红树惊人的繁殖力和奇特的繁殖方式。

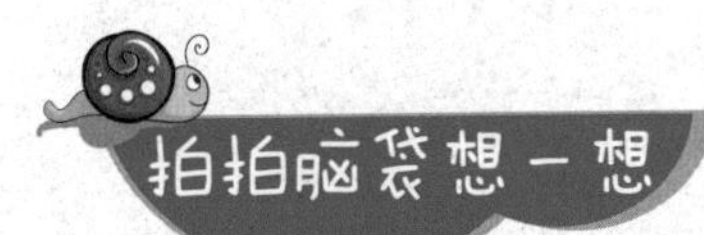

佛手瓜是“胎生”植物吗？

悄悄告诉你

佛手瓜也是一种典型的“胎生”植物。由于原产地干旱少雨，佛手瓜须在雨季迅速生长发育，并很快开花结果。因此，种子成熟后不脱离母体，而是在果实中发育成幼苗。当干旱季节来临，瓜藤枯萎结束生命的时候，挂在瓜藤上的果实中的幼苗，却能从果实中吸收到所需的水分，不会受到干旱的威胁。等下一个雨季来临时，果实落到地上，里面的幼苗生出的许多不定根长成独立的植株，并很快地伸展茎蔓，在旱季到来之前，顺利地开花结果。

为什么春天和秋天最适宜栽树？

栽树也要分季节，不是什么季节都可以。实践证明只有春天和秋天种树最适宜，原来这是由气候与树的生理条件所决定的。

冬天温度很低，树木都处于休眠状态，所需的养料极少；到了春天，气温逐渐升高，树木也拉开了生长的序幕。树木都开始解除休眠，恢复生长活力，进入新一年中最为旺盛的生长阶段。这时栽种以后，在树苗还没有发芽之前，树苗的地下根会吸收水分，长出新根，根系恢复生长后，吸收水分的能力大大地加强了，地上部分的树枝就会发育，长出新芽，开始成活。

那么，秋季也适于栽树吗？

因为一般树木一年有两个生长期，经过夏天高温休眠后，到了秋天又会进入另一个生长期，此时栽种树苗的话，相对也易成活。

秋季，气候凉爽，树上的树叶纷纷地落下，进入了一年一度的休眠期。新移栽的树苗，经过冬前缓苗，会慢慢适应新的生长环境。封冬前，再给新栽的树浇一次过冬的水，并在根部培上土，有利于保护其根系。当第二年春季大地解冻后，树便很快转入生长期了，因而比较容易成活。但这一生长期不如春季旺盛，所以，在秋季种树不如在春季栽种好。

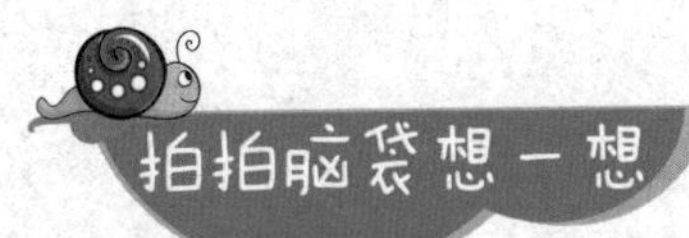

你知道一棵树有多大的作用吗？

我们知道，树木可以用来建造房屋、加工家具、装修房屋等。这是树木对于人类居住的作用。

另外，树木还可以用来造纸。一棵树以10年树龄计算，可以生产200千克纸浆。如果用这些纸浆生产卫生纸，则至少可以生产750卷重量为100克的卫生纸。

在城市中，一棵树如果以10年树龄计算，一年可以吸收一辆汽车行驶16千米所排放的污染物。树木越多，可以吸收的有害气体就越多。

据统计，1公顷柳杉林每天可以吸收二氧化硫60千克，其他的如臭椿、夹竹桃、银杏、梧桐等都有吸收二氧化硫的功能。当城市的绿化面积达到50%以上时，大气中的污染物就可以得到有效的控制。

另外，树木还可以增加空气的湿度，让人感到舒适。一棵成年的树以5～10年树龄来计算的话，一天可蒸发400千克水，这些水分，足以让树林中的空气湿度明显增加。

据计算，城市中绿地面积每增加1%，当地夏季的气温可降低0.1℃。

以上种种数据表明，植树有着非常重要的意义，大力植树十分必要。

蘑菇是怎么长出来的?

我们都吃过蘑菇吧，你有没有想过蘑菇是怎么长出来的呢?

蘑菇是常见的一种大型真菌。夏天或秋天的雨后，在大树根附近，山林里，草丛中常常见到有蘑菇长出。蘑菇的种类不同，形态各异，大小不一。蘑菇有白色的、黄色的、粉红色的、褐色的等，小的只有纽扣般大小，大的像一把小伞，直径有30多厘米，一个就有500多克重。

蘑菇不开花，不结实，那么，它是怎么长出来的呢?

蘑菇是一种有根、茎，没有叶，也不含叶绿素的植物，所以蘑菇是异养生物，它进行的是腐生生长。蘑菇与其他进行光合作用来制造养料的“生产者”不同，它是完全依靠分泌一种叫酶的东西，将腐木、土壤、落叶、粪便、动物尸体等各种生长基质在体外进行分解消化，吸收养分到体内，在整个生态系统中扮演着“分解者”的角色。

蘑菇繁殖后代的方法是靠孢子繁殖的,孢子是圆形或椭圆形的细胞。那么，孢子到底藏在哪里呢?

这里，我们首先要知道蘑菇的结构，蘑菇一般都包括菌盖、菌柄、菌褶等部分。蘑菇的外形犹如一把张开的伞，最上部那肉质的伞盖部分被称为“菌盖”，支持菌盖的部分叫做“菌柄”，菌柄和菌盖合称为“子实体”。蘑菇的地下部分是“菌丝”，菌丝吸收水分和有机物。菌褶位于菌盖下方，呈放射状排列的片状结构，是产生孢子的场所。

当孢子成熟后，就会随风飘落在地上。孢子落在土壤里，许多年都不会死亡。只要环境适宜，它们就会萌发，开始长出许多蜘蛛网似的菌丝。菌丝上长有菌核，菌核会慢慢长大，萌芽后钻出地面，一两天就会长出一个大蘑菇来。

拍拍脑袋想一想

怎样区分毒蘑菇？

夏季的雨后，蘑菇会在一夜之间像雨后春笋般地冒出来，如同是一把小雨伞，这正是采蘑菇的好时机。有时候可能会采到有毒的蘑菇，如果不加以识别，很可能会引起食物中毒。

吃了蘑菇后，如果出现恶心、头晕等症状，就要赶快采取急救行动。首先要拨打 120 电话，向医院具体说明中毒的情况。然后，在等待救护车的同时，自行进行排毒。排毒的主要方法是催吐，将手指伸到喉咙处骚动，引起恶心，进行呕吐，可迅速地将部分毒蘑菇排出体外，减少中毒程度及毒性的扩散。在进行催吐后，再大量地喝水会效果更好。

悄悄告诉你

那么，怎么来识别无毒和有毒的蘑菇呢？

识别蘑菇无毒有毒，可以从它的形态、气味和颜色来区分。

无毒的蘑菇一般生长在矮草丛中或树桩等比较干净（无脏无臭）的地方，伞盖呈扁形或圆形，肉厚而嫩，颜色一般是黄色、白色或古铜色的；掰开后浆汁清澈如水，不变色，味道清香。

有毒的蘑菇，颜色通常为红、绿、黄色。一般在顶部有凸起的肉疙瘩，柄上有环状物，根上有环状托；有苦、酸、辣、麻及其他恶味；色彩十分鲜艳，采摘后容易变色，比较柔软，浆汁多并浑浊得像牛奶。毒蘑菇一般生长在潮湿、肮脏的地方，能使大蒜、银器、米饭等变黑。

为了预防蘑菇中毒，对于不认识的野蘑菇或对是否有毒把握不大的野蘑菇，不要贸然采摘食用；对过于幼小、老熟、鲜艳或已霉烂的野蘑菇，不宜采食；对市场上销售的野蘑菇，也不能放松警惕，尤其是自己没吃过或不认识的野蘑菇，不要轻易食用；烹调野蘑菇的时候，在经过洗净后，宜先在沸水中煮3～5分钟，弃汤后再炒熟煮透。